PIERRE FLOURENS

DE

L'UNITÉ DE COMPOSITION

ET DU DÉBAT

ENTRE CUVIER ET GEOFFROY SAINT-HILAIRE

Elibron Classics
www.elibron.com

Elibron Classics series.

ISBN 1-4212-4060-2 (paperback)
ISBN 1-4212-4059-9 (hardcover)

This Elibron Classics Replica Edition is an unabridged facsimile of the edition published in 1865 by Garnier Frères, Paris.

DE

L'UNITÉ DE COMPOSITION

ET DU DÉBAT

ENTRE CUVIER ET GEOFFROY SAINT-HILAIRE

PARIS — IMPRIMERIE P.-A. BOURDIER ET Cie, 6, RUE DES POITEVINS.

DE

L'UNITÉ DE COMPOSITION

ET DU DÉBAT

ENTRE CUVIER ET GEOFFROY SAINT-HILAIRE

PAR

P. FLOURENS

MEMBRE DE L'ACADÉMIE FRANÇAISE, SECRÉTAIRE PERPÉTUEL DE L'ACADÉMIE DES SCIENCES
(INSTITUT DE FRANCE);
MEMBRE DES SOCIÉTÉS ET ACADÉMIES ROYALES DES SCIENCES DE LONDRES,
ÉDIMBOURG, STOCKHOLM, GŒTTINGUE, MUNICH, TURIN, SAINT-PÉTERSBOURG,
PRAGUE, PESTH, NAPLES, MADRID, BRUXELLES, ETC.
PROFESSEUR AU MUSÉUM D'HISTOIRE NATURELLE
ET AU COLLÉGE DE FRANCE.

PARIS

GARNIER FRÈRES, LIBRAIRES-ÉDITEURS

6, RUE DES SAINTS-PÈRES ET PALAIS-ROYAL, 215

1865

Plus on étudie les animaux, plus on leur trouve de ressemblances, mais plus aussi on leur trouve de différences.

En tant qu'animaux, tous les animaux se ressemblent par quelques traits communs ; en tant qu'espèces, tous se différencient les uns des autres par quelques traits distincts. L'éternelle distinction des êtres est le permanent chef-d'œuvre de ce grand art qu'on nomme *nature*[1].

1. Voyez Voltaire, dans *Jenny*.

Quant aux deux auteurs, je n'ai rien à en dire. On sait assez que l'un est le génie le plus vaste et le plus judicieux qu'ait produit le siècle, et que l'autre est un esprit hardi qui eut quelques lueurs heureuses au milieu de la plus étrange confusion d'idées.

Mais d'où vient alors, me dira-t-on, le succès d'une doctrine si peu sensée? De ce qu'étant peu sensée, elle n'a pas été comprise.

Les mots *unité de composition,* traduits par *identité de composition,* sont un non-sens ; traduits par *analogie de composition,* ils sont l'expression très-juste d'une vérité incontestable et incontestée, mais vulgaire depuis Aristote.

Je parcours ici toute la *méthode*. La *méthode* n'est qu'une suite d'analogies, interrompues par des différences. Chaque espèce qui se rattache aux autres, nous montre une *analogie*. Chaque espèce qui se distingue des autres, nous montre une *différence*.

J'aurais pu étendre beaucoup mon livre. « Il ne s'agit pas de faire lire, dit « Montesquieu, mais de faire penser. »

I

DES DEUX AUTEURS

I

DES DEUX AUTEURS

Je me propose de donner ici un récit fidèle du débat qui s'éleva, en 1830, dans le sein de l'Académie des sciences, entre Cuvier et Geoffroy-Saint-Hilaire, au sujet de l'*unité de composition*.

J'ai beaucoup connu les deux adversaires ; j'ai passé une partie de ma jeunesse à côté d'eux. Je dirai plus : ma position, pendant le débat, a été très-particulière. M. Geoffroy n'a lu aucun mémoire devant l'Académie qu'il ne me l'eût d'avance communiqué. M. Cuvier n'a présenté aucune pièce anatomique qu'il ne m'eût engagé d'avance à l'étudier.

Depuis 1820, époque où je publiai ma brochure sur la *Philosophie anatomique*, première analyse sérieuse des conceptions de M. Geoffroy, je n'ai plus cessé d'avoir l'attention fixée sur ce qu'il a écrit.

D'un autre côté, les idées de M. Cuvier ont été l'objet constant de mes études; et j'ai donné, comme on sait, en 1841, une analyse complète de ses travaux [1].

J'ai vu s'élever ainsi, jour par jour, et je pourrais presque dire, bâtir pierre par pierre deux doctrines qui, nées de travaux à peu près communs [2], ont fini par diverger au point

1. *Histoire des travaux de Georges Cuvier*, 3e édition.

2. « Nos premières études d'histoire naturelle, quelques « découvertes même, nous les fîmes ensemble, jusque-là « que nous observions, que nous méditions, que nous « écrivions réciproquement l'un pour l'autre. Les recueils « du temps renferment des écrits publiés en commun par « M. Cuvier et par moi. » (Geoffroy Saint-Hilaire, *Principes de philosophie zoologique*, p. 20; 1830.)

qu'elles ont formé deux théories complétement opposées, et que leurs auteurs ne se sont plus entendus du tout.

Il est curieux de voir comment chacun d'eux a tourné le dos à l'autre, a marché continuellement dans un sens inverse, et comment il est arrivé enfin que Geoffroy-Saint-Hilaire n'a plus vu que l'*unité de composition*, tandis que M. Cuvier a constamment vu, au-dessus de cette *unité*, l'indépendance et la *variété libre* des organismes [1].

1. « Pourquoi la nature agirait-elle toujours uniformé-« ment ? Quelle nécessité aurait pu la contraindre à n'em-« ployer que les mêmes pièces, et à les employer toujours ? « Pourquoi cette règle arbitraire lui aurait-elle été « imposée ? » (Cuvier dans Geoffroy Saint-Hilaire, *Principes de philosophie zoologique*, p. 7.) — Les *Réponses* de M. Cuvier n'ont pas été imprimées à part; mais, après avoir été recueillies par M. Donné, dans le *Journal des Débats*, elles se trouvent reproduites dans la *Philosophie zoologique* de M. Geoffroy : c'est pourquoi je cite ici cet ouvrage pour M. Cuvier comme pour M. Geoffroy.

Dès le début de sa carrière, Geoffroy se pose ce problème, qu'il ne perd plus de vue : Ramener tous les animaux, même les plus divers, à une organisation semblable et une. A la fin de sa vie, en 1830, il écrit cette phrase où se concentre toute sa pensée : « Pour cet ordre « de considérations, il n'est plus d'animaux « divers. Un seul fait les domine ; c'est comme « un seul être qui apparaît ; il est, il réside « dans l'animalité : être abstrait, qui est tan- « gible pour nos sens sous des figures di- « verses[1]. »

Au commencement de ses travaux, en 1807, il disait en termes plus simples : « On sait « que la nature travaille constamment avec « les mêmes matériaux : elle n'est ingénieuse « qu'à en varier les formes. Comme si, en « effet, elle était soumise à de premières don- « nées, on la voit tendre toujours à faire re-

1. *Philosophie zoologique*, p. 22.

« paraître les mêmes éléments en même « nombre, dans les mêmes circonstances et « avec les mêmes connexions[1]. »

Entre ces deux phrases, celle-ci et celle que j'ai citée plus haut, près de trente ans se sont écoulés, et l'opinion de M. Geoffroy n'a point varié. C'est toujours la même, et il n'en a jamais eu d'autre. Jamais homme n'a pu s'appliquer, à plus juste titre, le mot fameux de saint Augustin : *homo unius libri*.

Dans cette vue constante de tout ramener à l'*unité*, ses premières recherches, ses premières tentatives d'analogie, portent sur les poissons, animaux les plus *dissemblables* des autres dans le groupe des vertébrés ; des poissons, il passe au crâne du crocodile ; du crâne du crocodile à celui des oiseaux ; et ici il arrive à l'un de ses aperçus les plus ingénieux et les plus heureux. Dans l'adulte, le crâne des oi-

1. *Considérations sur la tête osseuse des animaux vertébrés et particulièrement de celle des oiseaux*, p. 2.

seaux ne forme qu'un os. On croit à la dissimilitude. Pas du tout : dans le jeune âge, ce même crâne se compose de plusieurs os, comme celui des mammifères, comme celui des reptiles ; et la similitude est retrouvée. C'est le plus bel exemple qui jamais ait été donné de l'*unité de composition.*

Il termine son mémoire par cette conclusion : « Ces observations, d'où résulte que « le crâne des oiseaux est formé d'autant et de « semblables pièces que celui de l'homme et « des mammifères, montrent que, jusque « dans les plus petits détails, tous les animaux « vertébrés sont faits sur le même mo- « dèle[1]... »

Réunissant enfin tous ces travaux épars, il publie, en 1818, son remarquable ouvrage : *Philosophie anatomique, ou des organes respiratoires sous le rapport de la déter-*

1. *Considérations sur la tête osseuse des animaux vertébrés et particulièrement de celle des oiseaux*, p. 19.

mination et de l'identité de leurs pièces osseuses [1].

Cet ouvrage a fait époque, et il le méritait. C'est le coup d'œil le plus hardi qu'on eût encore porté sur les *analogies de structure* que présentent les animaux.

Mais, ce que M. Geoffroy ne considérait pas assez, c'est qu'il ne s'agissait là que d'une seule classe d'animaux, et, pour parler comme Cuvier, que d'un seul embranchement : celui des *vertébrés*. Dans les *vertébrés*, il avait aisément passé d'une analogie à l'autre, et les avait toutes saisies avec une sagacité rare. En passant aux *invertébrés*, tout changeait. Le fil des analogies se rompait, et l'auteur ne s'en aperçut pas d'abord.

Renfermé dans l'enceinte du Muséum, où personne encore, avant Lamarck, ne s'était occupé des animaux sans vertèbres, son horizon

1. C'est l'ouvrage dont je publiai l'analyse en 1820.

s'étendit trop peu. Nommé professeur, à vingt-un ans, par la protection de Daubenton, il se confina dans ses galeries (galeries de *Vertébrés*), et c'est lui-même qui nous le dit : « J'ai « acquis les premiers éléments de l'histoire « naturelle des animaux, en rangeant et clas-« sant les collections confiées à mes soins[1]. »

Plus tard, lorsqu'il songea à faire entrer dans son système les animaux sans vertèbres, *son siége était fait ;* ce n'était plus d'ailleurs, pour lui, l'âge des études sérieuses d'anatomie comparée, et les analogies les plus superficielles, les conformités les plus fausses, le satisfirent.

Par exemple, il voit, dans les *insectes,* une suite d'*anneaux* ou de segments qui représentent, plus ou moins grossièrement, une *colonne vertébrale.* Cela lui suffit. « Ailleurs, « dit-il, les chairs recouvrent les os ; dans les

1. *Philosophie zoologique,* p. 82.

« insectes, ce sont les os qui recouvrent les « chairs. » — « Des êtres, s'écrie-t-il enfin en « pleine Académie, crus et dits jusqu'ici *sans « vertèbres*, auront à figurer, dans nos ga- « leries d'histoire naturelle, parmi les animaux « *vertébrés*[1]. »

On sent bien qu'un homme, à qui il en coûtait si peu pour transformer un *insecte* en un *vertébré*, ne pouvait plus être arrêté par rien. C'est ce qui arriva; après en avoir fini, ou à peu près, avec les *insectes*, il passa aux *mollusques*; et nous verrons tout à l'heure à quelle occasion.

Nous venons de voir quelle a été la direction des études de M. Geoffroy. La direction des études de M. Cuvier a été toute différente.

Se trouvant sur les bords de la mer[2], tout

1. *Troisième mémoire sur une colonne vertébrale dans les insectes*, p. 29.

2. Aux environs de Fécamp.

jeune et déjà profondément sérieux, il y étudie les animaux *sans vertèbres*. C'était le seul homme qui les eût étudiés depuis Aristote. Arrivé à Paris, Geoffroy lui ouvre les galeries du Muséum; Duméril lui enseigne l'anatomie humaine[1]; Mertrud lui confie sa chaire d'anatomie comparée. A chaque pas qu'il fait, son horizon s'étend.

Dès ses premiers travaux, il réforme la classe incohérente des *vers* de Linnæus, et le mot de Geoffroy se vérifie. En l'appelant à Paris, il lui avait écrit : « Venez jouer parmi nous le rôle d'un Linné. »

En 1800, Cuvier publie ses *Leçons d'anatomie comparée*, et, dès lors, on peut dire sans trop d'emphase, que le *grand livre de la nature* fut ouvert à tous. Les méthodes des naturalistes ne furent plus de simples tâtonnements, comme celle de Linné, comme celle de

1. Voyez mon *Éloge historique de Duméril*.

Buffon. La méthode ne fut plus que l'expression rigoureuse de l'*anatomie comparée,* c'est-à-dire de la structure interne.

A partir de ses *Leçons d'anatomie comparée,* M. Cuvier s'attache fortement à ce grand problème : porter l'ordre dans le règne animal, en d'autres termes, examiner toutes les structures, et ne jamais permettre que, dans un groupe déterminé, se glisse quelque structure différente de celle de ce groupe. Les structures toujours sous les yeux, il entreprend donc la refonte entière de la méthode, et ce grand travail terminé en 1817, il publie son livre qu'il intitule : *Le règne animal distribué d'après son organisation.* On ne pouvait s'exprimer d'une façon plus juste.

Dans ce livre, où chaque groupe ne contient que des organisations semblables, le règne animal se partage en quatre groupes principaux, en quatre embranchements, comme dit M. Cuvier, en quatre *plans* distincts : le *plan* ou l'*embranchement* des *vertébrés*, celui des *mollusques*, celui des *articulés* et celui des *zoophytes*.

L'ordre était mis enfin dans le règne animal. Que venait donc faire M. Geoffroy? Que voulait-il? Il venait défaire ce qu'avait fait, et avec tant de soin, avec tant de peine, M. Cuvier. Partout où M. Cuvier avait porté l'ordre, il apportait le désordre; partout où M. Cuvier avait séparé les structures, il les *remêlait*. M. Cuvier ne le put souffrir; et de là le fameux débat dont je vais raconter l'histoire.

Deux jeunes anatomistes, MM. Laurencet et Meyranx, avaient présenté un mémoire à l'Académie, « où, dit M. Cuvier, examinant la « manière dont les viscères des céphalopodes « sont placés mutuellement, les deux auteurs « avaient eu la pensée qu'on retrouverait peut-« être un arrangement de ces viscères plus « semblable à celui qu'on leur connaît dans

« les vertébrés, si l'on se représentait le cé-
« phalopode comme un vertébré dont le tronc
« serait replié sur lui-même en arrière, à la
« hauteur du nombril, de façon que le bassin
« revînt vers la nuque[1]. »

La seule apparence d'un rapprochement quelconque d'un mollusque avec un vertébré ravit M. Geoffroy.

Il se hâta de faire un rapport sur le nouveau mémoire, et ne manqua pas d'y placer sa phrase accoutumée : « Qu'il était désormais
« impossible d'échapper aux conséquences de
« l'universelle loi de la nature : l'*unité de com-*
« *position*.

« Mais, répondit Cuvier, commençons par
« nous entendre sur ces grands mots d'*unité*
« *de composition*, d'*unité de plan*.

« La *composition* d'une chose signifie, du
« moins dans le langage ordinaire, les parties

1. *Philosophie zoologique*, p. 57.

« dans lesquelles cette chose consiste, dont
« elle se compose : et le plan signifie l'arran-
« gement que ces parties gardent entre elles.

. . . .

« Mais qu'est-ce que l'*unité de plan*, et sur-
« tout l'*unité de composition*, qui doivent ser-
« vir de base à la nouvelle zoologie ? Voilà ce
« que personne ne nous a encore dit claire-
« ment, et cependant c'est là-dessus qu'il faut
« d'abord fixer ses idées. . . . .

« Ce n'est pas moi qui supposerai que les
« naturalistes, même les plus vulgaires, ont
« pu employer ces mots : *unité de compo-
« sition, unité de plan*, dans leur sens ordi-
« naire, dans le sens d'*identité*. Aucun d'eux
« n'oserait soutenir une minute que le polype
« et l'homme aient, dans ce sens, une *compo-
« sition une*, un *plan un*. Cela saute aux yeux.
« *Unité* ne signifie donc pas, pour les natu-
« ralistes dont nous parlons, *identité* ; il n'est
« pas pris dans son acception naturelle, mais

« on lui donne un sens détourné pour signi-
« fier *ressemblance*, *analogie*. . . . . .

« Ce que je dis de la *composition* s'ap-
« plique aussi au *plan ;* nous croirions faire
« injure à ces naturalistes, si nous prétendions
« que par ces mots *unité de plan*, ils entendent
« autre chose que *ressemblance plus ou moins*
« *grande de plan*. Sans cela, il suffirait d'ou-
« vrir devant eux un oiseau et un poisson
« pour les réfuter à l'instant[1]. »

Mais, point du tout; et c'est là ce qui trompe M. Cuvier, les naturalistes qu'il réfute entendent de très-bonne foi le mot *unité* dans son acception ordinaire. Pour eux, *unité* est *identité*. Ce ne sont pas les mots qui leur font illusion, ce sont les faits qu'ils entendent mal; ils ne raffinent pas sur les termes, parce qu'ils s'en tiennent au gros des choses. Avant que l'*anatomie comparée* fût connue, on ne parlait

1. *Philosophie zoologique*, p. 63.

de tout cela que fort vaguement. La précision dans les expressions ne pouvait venir avant la précision dans la science.

Buffon disait : « Prenant son corps pour le « module physique de tous les êtres vivants, « et les ayant mesurés, sondés, comparés dans « toutes leurs parties, l'homme a vu que la « forme de tout ce qui respire est à peu près « la même, qu'en disséquant le singe, on pou- « vait donner l'anatomie de l'homme, qu'en « prenant un autre animal, on trouvait tou- « jours le même fonds d'organisation, les mêmes « sens, les mêmes viscères, les mêmes os, la « même chair, le même mouvement dans les « fluides, la même action dans les solides ; il a « trouvé dans tous un cœur, des veines et des « artères; dans tous les mêmes organes de « circulation, de respiration, de digestion, de « nutrition, d'excrétion ; dans tous une char- « pente solide composée des mêmes pièces à « peu près assemblées de la même manière ; et

« ce plan toujours le même, toujours suivi de « l'homme au singe, du singe aux quadrupèdes « des quadrupèdes aux cétacés, aux oiseaux, aux « poissons, aux reptiles; ce plan, dis-je, bien saisi « par l'esprit humain, est un exemplaire fidèle « de la nature vivante, et la vue la plus simple « et la plus générale sous laquelle on puisse « la considérer ; et lorsqu'on veut l'étendre et « passer de ce qui vit à ce qui végète, on voit « ce plan qui d'abord n'avait varié que par « nuances, se déformer par degrés des rep- « tiles aux insectes, des insectes aux vers, des « vers aux zoophytes, des zoophytes aux plan- « tes, et, quoique altéré dans toutes ses parties « extérieures, conserver néanmoins le même « fonds, le même caractère dont les traits « principaux sont la nutrition, le déve- « loppement et la reproduction, traits gé- « néraux et communs à toute substance « organisée, traits éternels et divins que « le temps, loin d'effacer ou de détruire,

« ne fait que renouveler et rendre plus évi-
« dents[1]. »

Sans doute que dans ce beau tableau se fait sentir un écrivain d'une imagination brillante et consommé dans sa langue. Mais que de traits qui font bien sentir aussi qu'au temps de Buffon, on ne connaissait pas encore l'*anatomie comparée!* Que de choses Buffon n'aurait pas dites, ou qu'il aurait dites tout autrement! Aurait-il dit « que la forme de tout ce qui res-
« pire est à peu près la même, » en donnant même à cet *à peu près* toute l'étendue que l'on voudra? Aurait-il dit « qu'en disséquant le
« singe, on pouvait donner l'anatomie de
« l'homme? » Il aurait pu dire « que le plan
« est toujours le même, toujours suivi, des
« quadrupèdes aux oiseaux, aux poissons, aux
« reptiles. » Mais aurait-il dit « que, lorsqu'on
« passe des reptiles aux insectes, des insectes

1. *Nomenclature des singes.*

« aux vers, des vers aux zoophytes, ce *plan* « subsiste, quoique altéré? » Ou plutôt avait-il déjà, pouvait-il avoir de ce mot *plan* l'idée précise que nous en avons aujourd'hui?

Eh bien! M. Geoffroy parle aujourd'hui comme Buffon parlait alors: seulement, comme il est moins sensible que Buffon à la propriété des termes, il néglige ces correctifs, ces *à peu près* qui, dans le grand écrivain, sauvent l'exagération peu ménagée des propositions.

M. Geoffroy se sert indifféremment des mots *unité de composition, unité de plan*, quoiqu'il y ait entre ces mots et ces choses une énorme différence, comme l'on verra bientôt. Il dit, avec la même indifférence, *unité, uniformité, identité, analogie*. Tous ces mots lui sont bons, pourvu qu'on convienne d'une certaine *uniformité vague*, d'une *conformité quelconque*, qu'il a dans l'esprit, qui le préoccupe, et qui, chez lui, comme dans Buffon, se réduit sans doute à ce fonds commun, qui frappe tous les yeux : la *nutrition*, le *développement* et la *reproduction*.

En un mot, M. Geoffroy ne s'est jamais appliqué à ces rapports divers, à ces inégales distances, qui séparent les êtres et leurs différents groupes, rapports et distances que M. Cuvier a passé sa vie à mesurer et à noter scrupuleusement.

C'est ce que M. Cuvier cherche à lui faire comprendre, et de la manière la plus délicate, lorsqu'il lui dit :

« Si j'avais à citer des exemples de travaux
« dignes de toute notre estime, c'est parmi
« ceux de notre savant confrère, M. Geoffroy,
« que je les choisirais. Lorsque, par exemple,
« il a reconnu qu'en comparant la tête d'un
« fœtus de mammifère à celle d'un reptile ou
« d'un ovipare, on remarquait des rapports
« dans le nombre et l'arrangement des pièces,
« qui ne s'apercevaient point dans les têtes

« adultes; lorsqu'il nous a appris que l'os, ap-
« pelé *carré* dans les oiseaux, est l'analogue de
« l'os de la caisse auriculaire du fœtus de mam-
« mifères, il a fait des découvertes très-impor-
« tantes, auxquelles j'ai été le premier à rendre
« pleine justice[1]. »

Revenons un moment à ces *insectes*, que M. Geoffroy assimile, sans plus de façon, aux *vertébrés*. Ce que je blâme, ce n'est pas telle ou telle impropriété de termes, c'est cette assurance avec laquelle M. Geoffroy me dit que l'insecte est fait en tout comme le *vertébré*, sans avoir vérifié la chose, sans avoir rien examiné à fond, sans avoir approfondi toutes ces différences, si capitales, d'une respiration tout autre, d'une circulation tout autre, d'un système nerveux tout autre, d'un système secrétoire tout autre, etc., etc.

1. *Philosophie zoologique*, p. 64.

Comment! l'*insecte* diffère du *vertébré* par sa circulation, par sa respiration, par son système nerveux, etc., et il est fait sur le même modèle, sur le même *plan* que le *vertébré* ? Ici, les termes mêmes impliquent contradiction.

Mais ne nous arrêtons pas, et poussons jusqu'au bout la chose.

Le *plan* est la *position relative* des parties. On conçoit très-bien l'*unité de plan* sans l'*unité de composition,* sans l'*unité de nombre* : il suffit que les parties, quel qu'en soit le *nombre,* gardent, toujours les unes par rapport aux autres, les mêmes positions données. Mais peut-on dire que le *vertébré,* dont le système nerveux est placé sur le canal digestif, soit fait sur le même plan que le *mollusque,* dont le canal digestif est placé sur le système nerveux? Peut-on dire que le *crustacé,* dont le cœur est placé par-dessus la moelle épinière, soit fait sur le même plan que le *vertébré,* dont la moelle épinière est placée par-dessus le cœur? etc. La position relative des parties est-elle gardée? N'est-elle pas, au contraire, entièrement renversée? Et s'il y a renversement dans la position des parties, y a-t-il *unité de plan?*

Tous les *vertébrés* forment un seul *plan*. Le nombre des parties a beau varier, les parties subsistantes conservent toujours leur position relative, leur ordre.

Le *cœur* est double dans les *quadrupèdes*, dans les *oiseaux;* il se compose d'un seul ventricule et de deux oreillettes dans la plupart des *reptiles;* il ne se compose que d'un seul ventricule et d'une seule oreillette dans les *poissons*. Mais ce cœur, dont le nombre des cavités varie, et varie du double au simple, conserve toujours sa position donnée, il est toujours placé sous le canal digestif; le canal digestif est toujours placé sous la moelle épinière.

Rien ne varie plus, dans les animaux *vertébrés*, que le nombre des os, mais les os subsistants conservent toujours leur ordre. Le crâne a toujours la même position par rapport au rachis, le rachis par rapport aux membres, toutes les parties des membres, les unes par rapport aux autres. Le nombre total des vertèbres, la forme particulière de chaque vertèbre, tout cela peut varier et varie beaucoup; mais les vertèbres, quel qu'en soit le nombre, se rangent toujours en série, en suite, forment toujours un *rachis*, une *épine du dos*, une *colonne vertébrale*, un ensemble enfin dont la disposition générale est toujours la même.

Le *plan*, c'est-à-dire la position relative des parties, se conserve donc dans les *vertébrés;* le plan *mollusque* se conserve de même dans tous les *mollusques;* le plan *articulé* dans tous les *articulés;* le plan *zoophyte* dans tous les *zoophytes*. Mais il change du *vertébré* au *mollusque*, du *mollusque* à l'*articulé*, de l'*articulé* au *zoophyte*, et c'est pour cela qu'il y a quatre *plans* dans le règne animal, et non un seul *plan*.

J'ai toujours été étonné que M. Geoffroy n'ait pas saisi l'énorme différence qu'il y a entre l'*unité de composition* et l'*unité de plan*. On me dira qu'au fond l'une de ces expressions était bien aussi indifférente que l'autre, puisqu'en réalité l'une de ces *unités* n'existe pas plus que l'autre, dans le sens illimité que leur donne M. Geoffroy; mais, du moins, son système n'aurait-il pas été faux dans toute l'extension du terme, et ses recherches, si souvent heureuses, dans le groupe des *vertébrés*, auraient pu servir de modèle pour des recherches analogues dans les autres groupes. Et, quant à tous ces mots d'*unité de composition*, d'*unité de plan*, mots si souvent répétés et si peu compris, j'avoue qu'un examen bien détaillé de quelques-unes de ces prétendues analogies m'eût beaucoup plus satisfait que tous ces grands mots : cet examen détaillé, qui eût tout éclairci, s'il l'eût fait, est précisément ce qu'il a omis de faire.

Nous n'en sommes encore qu'à la première partie de la discussion, et cependant nous voyons clairement que tous les animaux ne sont pas composés de même, qu'il n'y a donc pas *unité de composition;* qu'il n'y a pas même *unité de plan*, à ne vouloir qu'un *plan* pour le règne animal entier.

Mais, s'il n'y a ni *unité de composition,* ni *unité de plan,* que devient donc, me dira-t-on, la *philosophie anatomique?* Ce qu'elle devient? On le verra dans le prochain chapitre.

L'esprit humain trouve toujours un certain plaisir à s'essayer contre le bon sens. Nous savons tous, par exemple, et de science certaine, que les espèces ne changent pas, qu'un bœuf reste toujours un bœuf et un cheval toujours un cheval; que l'homme ne vient pas d'un singe ni un singe d'un quadrupède; nous savons tout cela; et cependant qu'un homme arrive, un homme ingénieux d'ailleurs et très-savant, un M. Darwin, qui nous dise que les espèces changent, qu'elles sont en travail continuel de transformation, en un progrès constant, comme il s'exprime; que les espèces viennent les unes des autres et toutes d'une, et je vois déjà un certain public, d'abord effaré, puis ébahi, et puis point du tout fâché qu'on lui fournisse une occasion nouvelle de s'exercer contre le bon sens, et de ne pas penser comme tout le monde.

Pareillement, nous savons tous que chaque espèce a sa structure propre, qu'il n'est pas deux espèces absolument semblables, que les animaux sont différents et qu'ils ne diffèrent entre eux que parce que leur organisation diffère; et cependant qu'un homme vienne qui répète avec assurance que tous les animaux sont composés de même, qu'il y a *unité de composition*, *unité de plan*, cet homme paraîtra d'abord fort singulier; puis il paraîtra profond, s'il persiste dans ses paradoxes, et il finira par se faire un certain nombre de partisans et d'approbateurs.

Ces tempêtes du faux esprit se produisent dans tous les genres, et il ne faut pas trop s'en effrayer : il n'y a d'atteintes que les couches superficielles; les couches profondes de l'esprit humain sont sensées, et j'aime à répéter le mot de D'Alembert : « La raison finit toujours « par avoir raison. »

II

DE LA PHILOSOPHIE ANATOMIQUE

II

DE LA PHILOSOPHIE ANATOMIQUE

§ I

Je viens de dire que ce fut en 1818 que M. Geoffroy publia sa *Philosophie anatomique*[1]; et comme il ne s'agissait là que des *animaux vertébrés*, c'est-à-dire que d'animaux d'un même type, d'une même forme, d'un même *plan*, d'un même *embranchement*, comme dit M. Cuvier, personne ne fut choqué. On n'eut qu'à examiner une seule chose, savoir :

1. *Philosophie anatomique, ou des Organes respiratoires sous le rapport de la détermination et de l'identité de leurs pièces osseuses*, 1818.

si, dans les *animaux vertébrés*, l'*uniformité* allait aussi loin que le prétendait M. Geoffroy.

Il commence son livre par cette phrase : « L'organisation des animaux vertébrés peut-« elle être ramenée à un type uniforme[1] ? »

Personne n'en doutait alors, et n'en pouvait douter. Le livre est de 1818; et, dès l'année précédente, dès 1817, M. Cuvier venait d'établir, dans son *Règne animal*, que tous les *animaux vertébrés*, pris ensemble, ne forment qu'un seul *embranchement*[2].

Quoi qu'il en soit, le livre de M. Geoffroy est, en lui-même, un livre très-remarquable ; c'est, comme je l'ai déjà dit[3], le coup d'œil général le plus hardi qui eût encore été jeté sur les analogies de structure dans les animaux. L'auteur y poursuit ses vues sur l'*uniformité* des animaux *vertébrés*, *uniformité* qu'il veut abso-

1. *Philosophie anatomique*, p. XV.
2. *Le Règne animal, etc.*, p. 57, 1817.
3. Voyez mon premier chapitre, p. 9.

lue (c'est là le trait caractéristique de sa doctrine).

Tout en les poursuivant, il résout plusieurs questions importantes et difficiles; il en soulève de plus grandes; il fait penser; il fonde une théorie qu'il appelle *théorie des analogues*, et qui mérite toute notre attention; et tant qu'il reste dans le domaine des animaux *vertébrés*, animaux qu'il connaît très-bien, il en parle avec assurance; mais dès qu'il sort de ce domaine, le seul qu'il connût, dès qu'il parle des animaux *sans vertèbres* (ce qu'il fera plus tard), animaux qu'il ne connaît point, il en parle en aveugle, il en parle à tort et à travers, et ses assertions, ne portant sur rien, ne sont qu'absurdes et ridicules.

Mais laissons tout cela, ne fût-ce que pour un moment; je ne m'occupe ici que du seul livre de 1818, de la seule *Philosophie anatomique*.

Le mot *philosophie* est un de ces mots qui fascinent aisément les esprits confus. M. Geoffroy voulait que tous ses travaux fussent des travaux philosophiques, et même, autant que cela se pouvait, des philosophies : *philosophie anatomique*, *philosophie zoologique*, etc., etc.

Assurément, une *philosophie* ne peut être *anatomique*. On l'a bientôt senti, et l'on a changé ces mots en ceux d'*anatomie philosophique;* car, si une *philosophie* ne peut être *anatomique*, une *anatomie* peut très-bien être *philosophique*, c'est-à-dire considérée par ses points de vue les plus élevés, les plus généraux, les plus *philosophiques* par conséquent.

Mais ce n'est point ainsi que l'entend M. Geoffroy. Il attache aux mots *philosophie anatomique* un sens plus particulier, et, si je puis ainsi dire, tout personnel. Sous le nom de *philosophie anatomique*, il entend déjà ce qu'il entendra plus tard sous celui d'*unité de composition*, ni plus ni moins.

Son *anatomie philosophique* est l'*unité de composition*, bornée aux seuls *animaux vertébrés*. Son *unité universelle de composition* sera l'*unité de composition* étendue à tous les animaux.

« Nous trouverons toujours, » dit-il (nous n'en sommes encore qu'à la *Philosophie anatomique*), « dans chaque famille tous les matériaux organiques que nous aurons aperçus dans une autre[1]. » Il dit plus loin : « La théorie des analogues nous avertit « qu'il n'y a point de création particulière et « exclusive pour les poissons[2]. »

Ce n'est pas tout. M. Geoffroy ne veut pas seulement une *anatomie philosophique*, il veut une *ressemblance philosophique*.—Mais qu'est-ce qu'une *ressemblance philosophique?* — « Faut-il étendre de plus en plus, dit-il, les

1. *Philosophie anatomique*, p. XXXII.
2. *Ibid.*, p. XXXV.

« applications du principe de la *ressemblance* « *philosophique*[1] ? »

Il critique cette phrase de M. Cuvier : « Il n'y « a de ressemblance entre les organes des pois- « sons et ceux des autres classes, qu'autant « qu'il y en a dans les fonctions. » « Votre mot « *ressemblance*, lui dit-il, est équivoque, pou- « vant être étendu, dans un cas, à ressem- « blance philosophique, et dans un autre, res- « treint à similitude parfaite[2]. »

La *ressemblance philosophique* n'est donc pas la *similitude parfaite;* et, évidemment, elle ne peut l'être. La *similitude parfaite* exige d'abord la *ressemblance de forme*, et puis la *ressemblance d'usage*. Or rien ne varie plus que la *forme* et l'*usage*.

C'est ce qu'établit M. Geoffroy, et qu'il établit très-bien. « Les naturalistes sont revenus, dit-il, « à la doctrine des analogies; ils commencent

1. *Principes de philosophie zoologique*, p. 111.
2. *Ibid.*, p. 122.

« à entrevoir ce fait, d'une haute importance « pour la théorie, qu'un organe, variant dans « sa conformation, passe souvent d'une fonc- « tion à une autre[1]. »

« Il est évident, dit-il encore, que la seule « généralité à appliquer ici est donnée par la « position, la relation et la dépendance des « parties, c'est-à-dire par ce que j'embrasse et « que je désigne par le nom de *connexion*[2]. »

Ainsi donc, à défaut de la *forme*, des *usages* et même du *nombre*, car le nombre peut manquer comme tout le reste (*un organe est plutôt anéanti que transposé*, dit M. Geoffroy), les seules *connexions* suffisent pour établir la *ressemblance philosophique*.

La *ressemblance philosophique* est la ressemblance que donnent les *connexions*.

Et, une fois arrivé là, l'auteur ne se fait

1. *Philosophie anatomique*, p. XXII.
2. *Ibid.*

plus d'autre souci. Dès que les *connexions* ont prononcé, rien ne l'arrête, ni la *forme*, ni l'*usage*, ni le *nombre;* il a la *ressemblance philosophique*, et c'est tout ce qu'il lui faut.

Un travail heureux, celui sur la tête osseuse des jeunes oiseaux, lui avait ouvert des vues. C'est là qu'il avait montré, entre autres choses aussi singulières que vraies, que toutes les parties du temporal, le rocher excepté, se détachent successivement de la tête quand on passe du mammifère à l'oiseau; que le cadre du tympan, dans le mammifère, forme ce qu'on appelle l'*os carré* dans l'oiseau, ou le pédicule de la mâchoire inférieure; que le bec des oiseaux est presque entièrement formé par les intermaxillaires; que les maxillaires y sont réduits à une petitesse qu'on n'aurait pas soupçonnée, etc., etc.

Des conformations aussi disparates ramenées à une loi commune, les mêmes os, passant du crâne du mammifère au bec de l'oiseau (le *cadre du tympan*, os du crâne dans le mammifère, devenant os du bec, l'*os carré* dans l'oiseau); de pareilles dissemblances de forme et d'usage, rendues à l'analogie par les connexions, tout cela était bien fait pour inspirer à l'auteur une confiance extrême dans ses principes. S'il avait pu douter jusque-là, après de tels succès il ne douta plus.

Tout le monde connaît ce qu'on nomme *opercules* ou couvercles des branchies, dans les poissons. Eh bien! quels seront les analogues des *opercules* dans les autres classes? — Les analogues des *opercules* des poissons seront les *osselets* de l'oreille des mammifères.— Rien, à la vérité, n'est plus dissemblable que ces différents os, sous quelque rapport qu'on les envisage. Sous le rapport de la *forme?* les *opercules* sont de simples os plats, de simples couvercles; les *osselets* sont des os de la structure la plus distincte, la plus caractéristique. Sous le rapport de l'*usage?* les *opercules* servent à la respiration, les *osselets* servent à l'audition. N'importe, les *connexions* les donnent (*opercules* et *osselets*) comme analogues les uns des autres : cela suffit à M. Geoffroy; il a la *ressemblance philosophique*,

Je sais bien que cette analogie, au fond très-aventurée, tout le monde ne l'admet pas, et que, en particulier, M. Cuvier la combat très-expressément.

Qu'on l'admette ou non, je ne la cite ici que comme l'exemple le plus propre à faire bien comprendre ce que l'auteur appelle *ressemblance philosophique.* On sent bien, du reste, qu'une analogie de plus ou de moins ne peut rien faire à l'état général de la question. On verra bientôt, dans mon troisième chapitre, que rien ne diffère plus d'une classe à l'autre, d'un ordre à l'autre, d'un genre à l'autre, que ce que M. Geoffroy nomme *unité de com-*

position, et qui serait, à bien meilleur titre par conséquent, nommé *diversité de composition.*

§ II

La *philosophie anatomique* n'est donc, bien comprise, que l'*unité de composition*, bornée aux seuls *vertébrés*. Mais, dans les *vertébrés* eux-mêmes, y a-t-il *unité*, ou du moins comme le veut M. Geoffroy, *unité absolue de composition ?*

M. Cuvier, retraçant, dans son *Analyse des travaux de l'Académie* pendant l'année 1830, la discussion qui venait d'avoir lieu entre lui et M. Geoffroy, s'exprime ainsi : « La question, « particulièrement traitée, fut celle de savoir « si la ressemblance de plan, que tout le « monde avoue avoir lieu entre les animaux « vertébrés, s'étend aux autres embranche-

« ments; et si, pour les vertébrés eux-mêmes,
« cette ressemblance va au point de pouvoir
« être appelée *identité de composition*, ou,
« comme s'exprimait d'abord M. Geoffroy, en
« termes absolus, si *les mêmes parties se ré-*
« *pètent indéfiniment dans les animaux*[1]. »

On ne pouvait mieux démêler et marquer tous les points essentiels et distincts de la discussion. Je vais les reprendre l'un après l'autre.

1° ... *Si la ressemblance de plan que tout le monde avoue avoir lieu entre les animaux vertébrés*... Tout le monde l'avouait en effet, et, plus que personne, M. Cuvier, le premier qui, par une de ses plus heureuses inspirations, ait fait, de tous les animaux vertébrés, un seul *plan*.

« Dans la première de ces formes, dit-il (il
« s'agit de ses *formes* principales, de ses

1. *Analyse de* 1830, p. 61.

« *plans*), qui est celle de l'homme et des animaux qui lui ressemblent le plus, le cerveau et le tronc principal du système nerveux sont renfermés dans une enveloppe osseuse, etc..... Nous appellerons les animaux de cette forme les *animaux vertébrés*[1]. »

Voilà comment il s'exprime, dans le *Règne animal*, publié en 1817. Mais, dès 1812, annonçant ses nouvelles vues sur la *méthode*, et, pour la première fois, proposant aux zoologistes l'idée de *plan*, il disait : « Depuis longtemps les naturalistes étaient frappés des grandes différences qui séparent les animaux *invertébrés* les uns des autres, tandis que les animaux *vertébrés* se ressemblent à tant d'égards. Il résultait de là une grande difficulté dans la rédaction des propositions de l'anatomie comparée qui se laissaient ai-

1. *Le Règne animal, etc.*, t. I, p. 57 (1817).

« sément généraliser pour les animaux ver-
« tébrés, mais non pas pour les autres; mais
« cette difficulté même a donné son remède.
« De la manière dont les propositions rela-
« tives à chaque organe se groupaient tou-
« jours, j'ai conclu qu'il existe, parmi les ani-
« maux, quatre formes principales, dont la
« première est celle que nous connaissons
« sous le nom d'*animaux vertébrés*, et dont
« les trois autres sont à peu près comparables
« à celle-là par l'uniformité de leurs plans
« respectifs. Je les nomme *animaux mol-*
« *lusques, animaux articulés* et *animaux*
« *rayonnés* ou zoophytes. Je subdivise en-
« suite chacune de ces formes ou de
« ces embranchements en quatre classes,
« d'après des motifs à peu près équiva-
« lents à ceux sur lesquels reposent les
« quatre classes généralement adoptées pour
« les vertébrés. J'ai tiré de cette disposi-
« tion une grande facilité à réduire sous des

« règles générales les diversités de l'organi-
« sation[1]. »

Ce passage profond ne saurait être trop médité. L'auteur, toujours clair, y dévoile tout entier l'esprit qui le guide dans son immense travail :

Réduire, sous des règles générales, les diversités de l'organisation : voilà son but.

Observer attentivement *la manière dont les propositions relatives à chaque organe se groupent toujours* : voilà son art.

C'est ainsi qu'il classe tout, et réduit chaque chose à sa plus simple expression.

« M'étant voué par goût, dès ma première
« jeunesse, dit-il, à l'étude de l'anatomie com-
« parée, c'est-à-dire des lois de l'organisation
« des animaux et des modifications que cette
« organisation éprouve dans les diverses es-
« pèces, j'ai eu, pour but constant de mes

1. *Analyse de* 1812, p. 31.

« travaux, de les ramener à des règles géné-
« rales et à des propositions qui en continssent l'expression la plus simple[1]. »

2° ... *Si cette ressemblance, que tout le monde avoue avoir lieu entre les vertébrés, s'étend aux autres embranchements ?*

C'est là toute la question, et il n'y en a point d'autre. Le *plan* des *vertébrés* s'étend-il aux *mollusques*, et celui des *mollusques* aux *articulés*, et celui des *articulés* aux *zoophytes* ? En d'autres termes, n'y a-t-il qu'un seul *plan*, ou y en a-t-il quatre ? C'est là, encore une fois, toute la question, toute la discussion.

Si M. Geoffroy eût jamais disséqué, à côté l'un de l'autre, un *vertébré* et un *invertébré*, un *mollusque*, par exemple, et un *mammifère*, ou bien un *insecte* et un *oiseau*, etc., il aurait vu tout de suite qu'entre ces animaux rien n'est semblable, ni *plan*, ni *composition* ; mais

1. *Règne animal, etc.*, p. 4 (1817).

c'est précisément là ce que je lui reproche, c'est de n'avoir jamais disséqué un seul *invertébré*. M. Cuvier, quand il nous parle du règne animal, entend le règne animal entier, car qui l'a jamais mieux connu que lui? M. Geoffroy n'entend que les *animaux vertébrés*, seule portion du règne animal qu'il ait en effet connue.

3° ... *Si, pour les vertébrés eux-mêmes, cette ressemblance va au point de pouvoir être appelée identité de composition ?*

Je dis nettement que M. Geoffroy n'a point connu les *animaux sans vertèbres ;* mais je dis, avec beaucoup plus de plaisir, qu'il a très-bien connu les *animaux vertébrés.*

Cependant, là encore, il s'en faut bien que la ressemblance puisse être dite *identité de composition.*

Les animaux, dit M. Geoffroy, *résultent d'un assemblage de parties organiques qui se répètent indéfiniment*[1]. On verra, tout à l'heure, qu'il n'en est rien. Une multitude de parties ne se répètent pas du tout.

Le nombre de parties, qui fait la *composition*, manque beaucoup plus tôt que l'arrangement des parties, qui fait le *plan*.

Il y a, dans les animaux vertébrés, *unité de plan*, mais il n'y a pas *unité de composition*.

L'idée d'*unité de plan* est la plus vaste et l'une des plus heureuses que M. Cuvier ait introduites dans la méthode.

Le malheur est que M. Geoffroy ne l'a jamais comprise.

1. *Philosophie zoologique*, p. 142.

III

DIVERSITÉ DE COMPOSITION

III

DE LA DIVERSITÉ DE COMPOSITION

§ I

Nous avons vu, dans mon premier chapitre, qu'il n'y a ni *unité de composition*, ni *unité de plan*, à prendre ce mot de *plan* pour le règne animal entier.

M. Geoffroy confond toujours ces deux mots : *composition* et *plan*. Il a tort. L'*unité de plan* et l'*unité de composition* sont deux choses très-différentes.

Dans une organisation aussi *diverse* et aussi *une* que l'est celle des animaux, le mot *unité*

5.

ne peut avoir un sens absolu pas plus que le mot *diversité*.

Si vous dites *unité*, vous faites abstraction d'une foule de *variétés*. Si vous dites *diversité*, vous faites abstraction d'une foule de *similitudes*.

Ajoutons que presque toujours, à l'*unité de plan* se joint la *diversité de composition*.

C'est cette confusion de mots qui a tout perdu. Tâchons de n'y pas retomber.

§ II

Buffon a dit, et l'on répète avec lui, qu'il y a dans les animaux un *fonds commun*. Mais ce *fonds commun*, qu'est-ce autre chose qu'une abstraction ?

Buffon rassemble dans son esprit tous les traits essentiels à ce qu'il appelle la *substance organisée*[1] : la nutrition, le développement, la reproduction, etc. Mais existe-t-il une *substance organisée* en général? Existe-t-il une chose quelconque en général? « Les seules choses particulières, dit Bossuet, avec un sens profond, les seules choses particulières subsistent véritablement[2]. »

Qui dit une *substance organisée* dit une *organisation particulière ;* qui dit une *organisation particulière* dit une *espèce.* Au fond, il n'y a que des *espèces.*

Avec les *espèces*, se manifestent des organes propres et variés. Avec la variété des organes, naît l'*anatomie comparée*, cette science immense et que, dans toute l'étendue des siècles, deux hommes seuls ont clairement conçue : Aristote, qui l'a fondée, et Cuvier, qui nous l'a rendue.

Laissons donc, pour un moment, le mot

1 Voyez ci-devant, p. 19.

2. *Oraison funèbre de Marie-Thérèse d'Autriche.*

unité de composition. Ne discutons pas sur un mot qu'on n'entend point, et dont l'explication, quand elle viendra, sera la solution même de la question. Prenons un mot qu'on entend d'abord, et que voulait Cuvier, celui de *diversité.* C'est le côté inverse du problème; c'en est du moins le côté clair.

N'oublions pas, en second lieu, qu'il y a deux sortes de *diversités* : la *diversité de composition* et la *diversité de plan.*

§ III

Je me borne d'abord, comme nos deux auteurs, au *système osseux*, au *squelette.* Il ne s'agit donc ici que des seuls animaux *vertébrés*, les seuls en effet qui aient un *système osseux*, un *squelette.*

Le crâne, ce premier, ce plus compliqué des

appareils du *squelette*, offre, il est vrai, dans tous les mammifères, une composition à peu près semblable. C'est à peine si quelques os (les *interpariétaux*) manquent dans quelques espèces.

Il en est de même de la *face*. Les seuls *lacrymaux* manquent dans les *phoques*, dans les *dauphins*, etc.

Nous avons vu que le *crâne* des oiseaux, qui n'a qu'un os dans l'adulte, en a dans le fœtus tout autant que celui des mammifères.

Le reptile, dont la *tête* présente le plus de traits de conformité avec celle des mammifères, est le crocodile. Mais déjà dans la grenouille, la *composition du crâne* se simplifie singulièrement. Le *crâne* de la grenouille n'a que dix os; celui du crocodile en a plus de vingt.

La *face* de la grenouille se simplifie comme son crâne. Sa mâchoire inférieure n'a que trois os de chaque côté, et chaque côté de celle du crocodile en a six.

L'appareil des *vertèbres* est, avec celui du crâne, le plus constant : chaque *vertèbre* peut même être considérée comme un petit appareil distinct.

Or, ce petit appareil distinct se compose d'un nombre d'os qui n'est pas le même pour toutes les vertèbres dans chaque espèce, ni pour chaque vertèbre dans toutes les espèces : l'atlas du crocodile a six os, son axis en a cinq; l'atlas de la tortue n'en a que quatre, celui du monitor, trois, etc.

Mais c'est surtout par leur nombre total que les *vertèbres* varient d'une classe à l'autre, et jusque dans les différents ordres, dans les différents genres de chaque classe. Pour ne pas sortir ici des reptiles, le crocodile, par exemple, a vingt-six vertèbres, sept cervicales, douze dorsales, cinq lombaires et deux sacrées; on en compte plus de deux cents dans les couleuvres, dans les boas, etc.; la grenouille n'en a que neuf.

Quant aux autres appareils, comme ils ne sont qu'accessoires, la plupart peuvent manquer, et manquent en effet dans telle ou telle classe, dans tel ou tel ordre, dans tel ou tel genre, etc. Les extrémités postérieures manquent aux cétacés; les extrémités antérieures et postérieures manquent aux serpents; les côtes manquent à la grenouille, etc.

Rien n'est plus fait pour donner une idée juste de la variété, de la diversité, presque infinie des appareils dans les diverses classes que ce qui se voit dans l'*épaule*, dans le *sternum*.

L'*épaule*, qui ne se compose dans le mammifère que d'un os, l'omoplate, ou de deux, l'omoplate et la clavicule, en a toujours trois dans l'oiseau : l'omoplate, la clavicule et l'os coracoïdien; elle n'en a que deux dans le crocodile, l'omoplate et l'os coracoïdien, la vraie clavicule manque; elle en a de nouveau trois dans les lézards, l'omoplate, la clavicule et l'os coracoïdien; elle en a deux dans la tortue, l'omoplate et l'os coracoïdien; elle en a quatre dans la grenouille, la clavicule, l'os coracoïdien et une omoplate divisée en deux pièces; et, chose remarquable, c'est précisément de ces deux pièces de l'omoplate de la grenouille que se compose l'épaule dans les poissons.

Le *sternum* n'a d'osseux qu'une seule pièce dans le crocodile; il se compose toujours de neuf pièces dans les tortues; il se rapproche, dans les lézards, de la simplicité qu'il a dans le crocodile; il n'a dans la grenouille que deux pièces ossifiées; c'est à peine si l'on retrouve une espèce de *sternum* dans quelques poissons; il est, au contraire, très-développé dans les mammifères; on y compte jusqu'à sept, huit, neuf pièces, placées ordinairement sur une seule ligne; et, quant aux oiseaux, il a cinq pièces dans les gallinacés; il n'en a plus que deux dans les canards; sa composition change encore dans les pigeons, dans les passereaux, dans les oiseaux de proie, etc. Ainsi le *sternum* ne varie pas seulement d'une classe à l'autre, il varie dans la même classe, etc.

Mais, relativement à cette question de la *diversité de composition*, que nous suivons ici, deux appareils surtout ont une importance particulière : ce sont les appareils *auriculaire* et *hyoïdien*.

On nomme appareil *auriculaire* une chaîne de petits os placés dans la caisse de l'oreille, et qui vont de la membrane du tympan à la fenêtre ovale. Dans les mammifères, on compte toujours quatre de ces petits os : le marteau, l'enclume, le lenticulaire et l'étrier; déjà dans les oiseaux, il n'y en a plus qu'un, formé de deux branches, dont l'une adhère au tympan, et dont l'autre s'appuie sur la fenêtre ovale; un seul osselet remplace pareillement, dans le crocodile, les quatre petits os de l'oreille des mammifères; c'est un étrier encore plus simple que celui des oiseaux; il n'y a qu'un seul osselet dans les tortues, dans les lézards, dans les serpents; dans la grenouille, la chaîne auriculaire paraîtrait se compliquer un peu, si elle n'y restait en grande partie cartilagineuse; enfin, dans les salamandres, dans les sirènes, dans les protées, ce dernier osselet lui-même, l'étrier, se réduit à une simple plaque cartilagineuse.

L'*appareil auriculaire* se simplifie donc successivement des mammifères aux derniers reptiles; l'*appareil hyoïdien* suit une marche inverse : il se développe graduellement des mammifères aux poissons.

Dans l'homme cet appareil se compose de cinq parties : d'un corps, de deux branches ou cornes antérieures qui suspendent l'hyoïde au crâne, et de deux branches ou cornes postérieures qui suspendent le larynx à l'hyoïde. Dans les mammifères, l'appareil éprouve déjà de notables modifications. Dans les oiseaux, les modifications sont encore plus grandes.

L'*hyoïde* du *crocodile* est un des plus simples. Son corps consiste en une grande et large plaque, etc. Celui des *lézards* est beaucoup plus compliqué. Il a généralement un corps simple; mais il porte quelquefois jusqu'à trois paires de cornes.

L'*hyoïde* des *tortues* est plus compliqué encore. Le corps lui-même de l'os s'y subdivise quelquefois en plusieurs pièces; il y porte quelquefois jusqu'à trois paires de cornes dont chacune se subdivise également en plusieurs os; et dans les *trionyx*, par exemple, la totalité de l'appareil ne comprend pas moins de vingt-cinq pièces osseuses différentes.

Mais, c'est surtout dans les *batraciens* que l'*hyoïde* prend de l'importance, et conduit ainsi par degrés à l'*hyoïde* si riche et si compliqué des *poissons*.

Je ne parle pas de l'*appareil auriculaire* des *poissons*, parce que nos deux auteurs sont ici en un désaccord complet, et que, d'ailleurs, j'en ai déjà parlé [1]. M. Geoffroy croit retrouver

1. Ci-devant, p. 41.

cet appareil dans les *opercules*, comme on l'a déjà vu [1], et M. Cuvier croit que les *opercules* sont un appareil nouveau, et qui n'existe que dans les *poissons*.

Ainsi donc, et ceci est ma conclusion, dans un même *embranchement*, dans l'*embranchement* des *vertébrés*, groupe pourtant si homogène, la *variété*, la *diversité de composition* est partout, et l'on pourrait presque dire que l'*unité*, l'*unité de composition*, bien entendu, n'est nulle part.

§ IV. Diversité de plan.

Commençons par bien distinguer ici la *composition* d'avec le *plan*.

Les animaux *vertébrés* ne forment qu'un seul *plan*.

Le *squelette* de tous ces animaux (mammi-

1. Ci-devant, p. 41.

fères, oiseaux, reptiles, poissons) est formé sur le même type, sur le même *plan;* cependant chaque appareil de ce *squelette* varie de *composition.*

C'est ce qu'on vient de voir.

Le crâne du mammifère varie de *composition* par rapport à celui de la grenouille; l'appareil *vertébral* de la grenouille varie de *composition* par rapport à celui du boa; l'hyoïde de la tortue varie de *composition* par rapport à celui de l'homme, etc., etc.

La *composition* varie beaucoup plus que le *plan.* Le *plan* ne varie que quatre fois dans le règne animal entier. Dans chaque *plan* (ou *embranchement*) la *composition* varie. Elle y varie pour chaque classe, pour chaque ordre, souvent même pour chaque genre.

Ainsi, que chaque jour, on découvre, entre les divers genres, entre les divers ordres, entre les diverses classes d'un même *plan* ou *embranchement,* quelque analogie nouvelle, quelque rapprochement nouveau, rien de plus simple. On ne fait qu'ajouter, par là, quelques nouvelles preuves à l'uniformité de l'*embranchement*, à l'uniformité du *plan*.

M. Geoffroy, dans son premier temps, dans sa *Philosophie anatomique*, a fait plusieurs de ces découvertes, et M. Cuvier l'en a souvent loué[1].

En 1830, son imagination l'emporta. A l'*unité organique* des *vertébrés* il substitua sa prétendue *unité organique universelle*; et ce fut alors, mais seulement alors, que M. Cuvier prit la parole.

Ce n'est qu'avec les *diversités de plan* qu'on arrive aux *diversités* profondes.

Chaque *plan*, considéré en lui-même, est *un*; il est *divers* par rapport aux autres.

Les *vertébrés* ont leur *plan*; les *mollusques*

1. Voyez ci-devant, p. 22.

ont leur *plan;* les *articulés* ont leur *plan;* les *zoophytes* ont leur *plan;* c'est-à-dire qu'on peut passer d'un *vertébré* à l'autre, d'un *mollusque* à l'autre, d'un *articulé* à l'autre, d'un *zoophyte* à l'autre, par des nuances graduées et presque insensibles. Au contraire, d'un *mollusque* à un *vertébré,* ou d'un *articulé* à un *mollusque,* d'un *zoophyte* à un *insecte,* il n'y a plus de nuance, de gradation, de passage. Tout à coup le *plan* change, et une nouvelle forme se montre; mais, prise en elle-même, cette nouvelle forme, ce nouveau type, est également constant, dominant, uniforme : tous les *mollusques* répètent aussi exactement leur type, le type *mollusque,* que les *vertébrés,* les *articulés,* les *zoophytes,* répètent le leur, le type *vertébré, articulé* ou *zoophyte.*

Dans la chaîne immense des êtres du règne animal, il y a donc quatre grandes formes, quatre grands types, et il n'y en a que quatre.

§ V.

Je reviens à nos deux auteurs.

Le débat avait commencé, comme on s'en souvient, par cette phrase de M. Geoffroy, dans son Rapport sur le Mémoire de MM. Laurencet et Meyranx : « On ne peut plus échapper à « l'universelle loi de la nature, l'*unité de com-* « *position organique.* »

Il s'agissait donc là des *mollusques;* il s'agissait des *insectes,* auxquels M. Geoffroy, dans un mémoire antérieur, venait de donner une *colonne vertébrale,* et au sujet desquels il s'était écrié en pleine Académie, que « des êtres crus « et dits jusqu'ici *sans vertèbres,* auraient à « figurer désormais, dans nos galeries d'his- « toire naturelle, parmi les animaux verté- « brés. »

Maintenue à cette hauteur, la question était

une des plus belles assurément qu'on eût jamais discutée dans aucune académie. Mais remarquez bien que, au point de départ, c'est de l'*unité de composition* dans les *insectes*, les *mollusques*, les *zoophytes* et les *vertébrés*, c'est-à-dire de l'*unité de composition* dans le règne animal entier qu'il s'agit; et, dès sa première *réplique*, M. Geoffroy réduit ce grand ensemble aux seuls *vertébrés*, et même à un seul appareil de ces *vertébrés*, à l'*os hyoïde*.

Après avoir exposé ses travaux sur l'*hyoïde*, M. Geoffroy ajoute : « Je n'ai rien dit de mes « travaux sur le crâne, de ceux destinés à « ramener les poissons à l'organisation des « animaux qui respirent dans l'air, et cependant, ce sont ces travaux qui ont fait recourir « à plusieurs règles dont quelques-unes n'ont « point encore été mentionnées. [1] »

À la bonne heure! Mais qu'ont à faire ici tous

1. *Philosophie zoologique*, p. 107.

ces travaux sur le *crâne*, sur les *poissons*, etc.? Qu'ont à faire tous ces travaux que l'on ne conteste point, que l'on approuve, au contraire, et qu'on recommande?

Ce que l'on conteste, ce ne sont pas les analogies renfermées dans tel ou tel *embranchement*, ce sont les analogies qu'on veut faire passer d'un *embranchement* à l'autre, d'un *plan* à l'autre.

Le débat avait donc bien changé.

Aussi M. Cuvier commence-t-il sa seconde *réplique* par ces mots : « Notre savant con-
« frère, dans son dernier mémoire, convient,
« avec une grande loyauté, que par *unité de*
« *composition* il n'a pas entendu *identité de*
« *composition*, mais seulement *analogie*, et
« que sa théorie doit s'appeler plutôt *théorie*
« *des analogues*. Ainsi voilà un grand pas de
« fait. Ces mots équivoques, et qui ne ser-
« vaient qu'à embrouiller les idées des com-
« mençants, d'*unité de composition*, d'*unité de*

« *plan,* disparaîtront de l'histoire naturelle; « et quand je n'aurais rendu que ce service à « la science, je croirais déjà n'avoir pas perdu « mon temps [1]. »

Enfin, M. Cuvier termine sa *réplique* par ces mots : « Je prends, comme on le dit vulgaire- « ment, notre savant confrère sur le terrain « même où il s'est placé, et c'est ainsi que je « me charge de le prendre, quelque autre « exemple qu'il veuille choisir [2]. »

M. Cuvier n'eut pas à remplir cet engagement. La discussion finit. L'Académie avait compris que c'était là une question immense, et qui ne pouvait être résolue par une discussion orale.

M. Cuvier continue : « Dans un autre en- « droit de son mémoire, notre confrère avance « que l'analogie ne repose pas sur les organes

1. *Philosophie zoologique,* p. 140.
2. *Ibid.*, p. 145.

« dans leur totalité, mais sur les matériaux
« dont ces organes sont composés, et il allé-
« gue un exemple, celui de l'os hyoïde, d'après
« lequel, si l'on en juge par les développements
« où il entre, il semble donner à entendre que
« c'est le nombre des parties qui fait sa prin-
« cipale règle. De quelques-unes des phrases
« qui suivent, on pourrait conclure qu'il y
« ajoute les connexions; et, en effet, puisque
« dans le commencement de son mémoire, il
« a exclu les fonctions et les formes, il ne reste
« que les connexions et les nombres. Je ne vois
« pas un cinquième rapport, une cinquième
« catégorie, sur laquelle on pourrait imaginer
« de faire porter cette analogie universelle [1]. »

La *théorie des analogues,* à laquelle ce passage fait allusion, est, comme nous avons vu [2], le plus important des travaux de M. Geoffroy. De tous les caractères sur lesquels se fonde la

1. *Philosophie zoologique,* p. 144.

2. Ci-devant, p 35.

recherche des analogies : la *forme,* les *fonctions,* le *nombre,* les *connexions,* le caractère des *connexions* est le seul sur lequel on puisse compter, et M. Geoffroy est le premier naturaliste qui l'ait senti.

Les *connexions* sont le fait capital sur lequel repose toute la *théorie des analogues.*

Lorsque Daubenton eut à comparer l'anatomie du cheval avec celle de l'homme, il trouva que les vétérinaires avaient donné aux diverses parties du pied du cheval les noms les plus bizarres. Il fallait ramener ces noms bizarres à ceux de l'anatomie de l'homme. Dans ce travail difficile, quel fut le principe qui le guida? Il ne le dit point; mais, évidemment, le principe qui le guida fut le *principe des connexions.*

Les vétérinaires parlaient d'un *os du canon* et de ses *épines ;* ils parlaient de plusieurs autres os, sous les noms : d'*os du paturon,* d'*os de la couronne*, d'*os du petit pied*, etc.

Qu'étaient-ce que tous ces os, et à quels os de la main de l'homme répondaient-ils? Daubenton y reconnut les os du carpe, ceux du métacarpe et ceux des trois phalanges des doigts de l'homme. Mais comment les reconnut-il? Fut-ce par le nombre? Le nombre n'est pas le même dans le pied du cheval et dans la main de l'homme. Fut-ce par la fonction? La fonction n'est pas la même dans les deux organes. Fut-ce par la forme? Rien ne diffère plus, par la forme, du pied du cheval que la main de l'homme. Il ne réussit, dans ces difficultés accumulées, que par les *connexions*.

« Que l'on considère, dit Buffon à cette oc-
« casion, que le pied d'un cheval, en apparence
« si différent de la main de l'homme, est ce-
« pendant composé de même, et que nous
« avons à l'extrémité de chacun de nos doigts
« le même osselet en fer à cheval qui termine

« le pied de cet animal; et l'on jugera si cette « ressemblance cachée n'est pas plus merveil- « leuse que les différences apparentes, si cette « uniformité constante et ce dessein suivi de « l'homme aux quadrupèdes, des quadrupèdes « aux cétacés, des cétacés aux oiseaux, des « oiseaux aux reptiles, des reptiles aux pois- « sons; dans lesquels les parties essentielles, « comme le cœur, les intestins, l'épine du dos, « les sens, etc., se trouvent toujours, ne sem- « blent pas indiquer qu'en créant les ani- « maux, l'Être suprême n'a voulu employer « qu'une idée, et la varier en même temps de « toutes les manières possibles, afin que « l'homme pût admirer également et la ma- « gnificence de l'exécution et la simplicité du « dessein[1]. »

Cette phrase est belle, mais il faut l'analyser. Vous remarquerez, d'abord, que Buffon ne

1. *Histoire de l'âne.*

parle d'un *dessein suivi* que pour les quadrupèdes, les cétacés, les oiseaux, les reptiles et les poissons, c'est-à-dire que pour les seuls animaux vertébrés; et vous avez déjà remarqué que M. Cuvier est précisément le premier naturaliste qui ait réuni, et bien avant M. Geoffroy, tous les vertébrés en un seul groupe, en un seul *plan*. Vous remarquerez ensuite que, passé les vertébrés, Buffon s'arrête comme ne tenant aucun compte de tout le reste du règne animal, c'est-à-dire de tous les animaux *sans vertèbres*. Avant Cuvier, Aristote était le seul homme qui eût connu les animaux *sans vertèbres*. Ces animaux sans vertèbres forment à eux seuls trois *embranchements* : les *mollusques*, les *articulés*, les *zoophytes*. Voilà donc, pour parler comme Buffon, trois *desseins suivis*, parfaitement connus d'Aristote, parfaitement connus de Cuvier, mais parfaitement inconnus de Buffon : s'il les eût connus, sa phrase aurait été tout autre.

Je viens à un exemple plus frappant. Petit[1] et Hérissant[2] avaient signalé, dans le crâne des oiseaux, un os particulier qu'ils nommaient *os carré*, et auquel ils ne trouvaient aucun os analogue dans le crâne de l'homme et des mammifères. A l'aide de son *principe des connexions*, M. Geoffroy a reconnu l'analogue de l'*os carré* des oiseaux dans l'os de la *caisse auriculaire* du fœtus des mammifères. En fait d'analogies retrouvées, c'est un tour de force, et qu'admirait tout à l'heure M. Cuvier[3].

Au reste, et je l'ai déjà dit, la *théorie des analogues* n'a rapport qu'aux *animaux vertébrés*.

C'est dans la seule *philosophie anatomique*,

1. *Description de l'œil du hibou* (*Mémoires de l'Académie des sciences*, année 1736, p. 121).

2. *Observations anatomiques sur les mouvements du bec des oiseaux* (*Ibid.*, année 1748, p. 345).

3. Voyez ci-devant, p. 22.

qu'il est question de la *théorie des analogues*. Ce ne fut que plus tard, ce ne fut qu'en 1824, que survint tout à coup l'idée malheureuse de pousser les *analogies* d'un *embranchement* à l'autre.

Mais puisque nous voici revenus à ce titre de *Philosophie anatomique*, je demandai un jour à M. Geoffroy pourquoi il avait dit *philosophie anatomique*, au lieu de dire simplement *anatomie philosophique*, comme eût dit tout le monde. « Oh! oh! me répondit-il, c'est que « Linné avait dit *philosophia botanica*, et que « j'ai voulu imiter Linné. » On sait, en effet, que Linné a écrit un livre, et le plus beau de ses livres, sous le titre de *Philosophie botanique*.

C'est un livre tout particulier, et dont l'objet explique le titre. Linné y réunit tout ce qui, dans l'étude de la nature, est l'*ouvrage de l'homme*, vient de *l'esprit de l'homme* : la *nomenclature*, les *classifications*, les *sys-*

tèmes, les *caractères*, etc. M. Geoffroy avait cru imiter Linné, parce qu'il avait donné à son livre le même titre que portait celui de Linné.

IV

DE LA MÉTHODE

IV

DE LA MÉTHODE

La discussion était terminée. Elle avait porté sur les points les plus élevés de la science; mais elle avait duré trop peu. On n'avait réellement parlé que du système *osseux*. Ce n'était pas assez.

De plus, le *système osseux* n'était encore connu qu'imparfaitement, du moins dans sa constitution intime. On ne savait pas que ce qui est *os* aujourd'hui, n'a été, d'abord, que *périoste;* on ne savait pas que c'est le *périoste* qui produit l'os [1]; on étudiait le *système osseux* indépendamment du *système périostique;* et, ce qu'on y cherchait surtout, c'étaient ces divisions qu'on nomme *sutures*, et qui, par leur nombre, donnent le nombre des os.

Quand j'arrivais, chaque matin, chez M. Cuvier, il me disait aussitôt : « Voyez ces os, « M. Geoffroy y compte tant de sutures; je n'y « en compte que tant. »

Sous le rapport du nombre, de la forme, des usages, des connexions des divers os, le *système osseux* fut sérieusement étudié par nos deux auteurs; mais c'est le seul système qui le fut. On n'eut pas le temps de s'occuper

1. Je n'avais pas encore publié les travaux où j'ai fait voir que l'*os* n'est qu'une production du *périoste*. (Voyez ma *Théorie expérimentale de la formation des os*.) Je donnerai, plus tard, une idée sommaire de cette théorie.

des autres. Ce que nos deux auteurs ne firent pas alors, je vais le faire aujourd'hui ; et, pour cela, je vais parcourir tous les *groupes* de la méthode l'un après l'autre, c'est-à-dire que je vais faire voir les *diversités* de tous les degrés que présente le règne animal.

C'est une erreur étrange de s'imaginer que la *méthode* ne tient compte que des rapports. La *méthode* ne tient pas moins compte des différences que des analogies. Les groupes marquent les rapports ; les intervalles entre les groupes marquent les différences. On *rapproche* les êtres par leurs analogies ; on les *éloigne* par leurs diversités. La *méthode* n'a qu'une règle, mais elle est absolue : c'est de ne jamais *éloigner,* dans ses groupes, des êtres qui se ressemblent, et de ne jamais en *rapprocher* qui ne se ressemblent point.

Linné partageait le règne animal en six classes : les *quadrupèdes*, les *oiseaux*, les *reptiles*, les *poissons*, les *insectes* et les *vers*. Ajoutez que toutes ces classes, regardées comme étant de même ordre, c'est-à-dire comme étant séparées les unes des autres par un *même intervalle*, se réunissaient en deux grandes divisions, celle des *animaux à sang rouge* et celle des *animaux à sang blanc*, ou, comme les a dénommées plus tard M. de Lamarck, celle des *animaux vertébrés* et celle des *animaux sans vertèbres* : deux grandes divisions regardées encore comme étant de même ordre, ou comme équivalant l'une à l'autre.

Ainsi, une première coupe partageait le règne animal en deux grandes moitiés supposées pareilles : les *animaux à sang rouge* ou *à vertèbres*, et les *animaux à sang blanc* ou *sans vertèbres*; et une seconde coupe partageait ces deux moitiés en six classes, supposées pareilles encore : les *quadrupèdes*, les *oiseaux*, les *reptiles*, les *poissons*, les *insectes* et les *vers*.

D'ailleurs, aucune limite précise ne circonscrivait ces classes : les *cétacés* se trouvaient parmi les *poissons*; les *poissons cartilagineux* parmi les *reptiles*; les *crustacés*, les *vers articulés*, tous animaux qui ont une vraie circulation, se trouvaient parmi les *insectes*, qui n'en ont point; et les *vers intestinaux*, les *polypes*, les *infusoires*, les *mollusques*, jusqu'à des *poissons* même, se trouvaient réunis et confondus dans la classe des *vers*, la dernière et la plus informe de toutes.

Cette classe des *vers* était, en effet, ce qui avait été le moins étudié. On n'avait que quelques observations éparses de Swammerdam, de Redi, de Monro sur la *seiche*, de Pallas sur les *aphrodites* et les *néréides*, etc. Aussi, dans la classe de Linné, l'*actinie*, qui est un *zoophyte*, se trouvait à côté de l'*ascidie*, qui est un *mollusque;* la *méduse* se trouvait éloignée de la *cyanée* (*medusa aurita*), qui pourtant est une *méduse*, etc.

Dans cette classe des *vers*, Linné avait donc mis la confusion partout, et Bruguières la laissa partout où Linné l'avait mise. On songeait encore si peu à consulter l'intérieur de l'organisation de ces animaux, que ce dernier auteur, par exemple, prenant pour *mollusques* tout ce qui n'a pas de *coquilles*, en sépare, sous le nom de *testacés*, tout ce qui a des *coquilles*, comme si le petit *caractère extérieur* d'avoir des *coquilles* empêchait les *testacés* d'être de vrais *mollusques* par toute leur nature ou *organisation interne*.

Ce fut en 1795 que M. Cuvier fit remarquer l'extrême différence des êtres confondus dans cette classe, et qu'il les sépara nettement les uns des autres, d'après un examen détaillé et d'après des caractères puisés dans leur organisation même.

Cet examen détaillé produisit une nouvelle distribution générale des *animaux à sang blanc* en six classes : les *mollusques*, les *crustacés*, les *vers*, les *insectes*, les *échinodermes* et les *zoophytes*.

De cette nouvelle distribution des *animaux à sang blanc* date la rénovation de la zoologie.

Plus tard, M. Cuvier rapprocha les *crustacés* des *insectes*, à cause de la symétrie commune de leurs parties, et de la structure articulée, pareillement commune de leurs membres et de leur corps ; il sépara les *annélides* ou *vers à sang rouge* des *vers intestinaux*, car il fit voir que les premiers ont une vraie circulation, un système nerveux distinct, un corps articulé, tandis que les autres n'ont ni circulation, ni système nerveux distinct, ni corps proprement articulé. Il montra que les *mollusques,* qui ont une organisation si compliquée, un cerveau, des yeux, quelquefois des oreilles, toujours des glandes sécrétoires nombreuses, une circulation double, etc., devaient d'abord être élevés fort au-dessus des *polypes* et des autres *zoophytes,* dont la plupart n'ont pas même des organes distincts, et à côté desquels on les avait pourtant laissés; et ensuite que l'ensemble de ces *mollusques* formait un groupe qui, par l'importance de ses caractères généraux et par le nombre des espèces qui le composent, répondait non à telle ou telle fraction de *vertébrés,* mais à tous les *vertébrés* joints ensemble; et, reprenant alors chacune des grandes masses du règne animal, il vit que presque aucune des divisions générales, jusque-là admises, ne pouvait plus subsister, du moins avec les attributions et les limites qu'elle avait jusque-là reçues.

Par exemple, on opposait les *animaux vertébrés* aux *animaux sans vertèbres*, comme si ces deux divisions eussent été de même ordre; on appelait également du nom de *classe*, et l'ensemble des *mollusques* et une fraction quelconque des *vertébrés*, comme si, en effet, l'ensemble des *mollusques* n'eût équivalu qu'à une fraction ou subdivision des *vertébrés*, etc.

Assurément, depuis que l'organisation si variée des *animaux sans vertèbres* était enfin connue, personne ne pouvait plus prétendre qu'il n'y eût, entre tous ces divers animaux, infiniment plus de différences qu'il n'y en a d'un *vertébré*, quel qu'il soit, à un autre. Or, si de ces deux divisions, l'une comprenait des structures infiniment plus variées que l'autre, l'une n'équivalait donc pas à l'autre; elles n'étaient pas de même ordre, elles ne devaient donc pas être appelées de même nom.

De même, depuis que l'organisation des *mollusques* était connue, on ne pouvait plus prétendre qu'il n'y eût, entre tous ces animaux beaucoup plus de différences qu'entre les animaux d'une seule classe de *vertébrés;* et, par conséquent, puisqu'il n'y avait pas parité entre les êtres compris dans ces deux divisions, il n'y avait donc pas parité de *division,* il ne devait pas y avoir parité de *nom.*

Mais ce n'était pas tout. A comparer toujours les structures, et à se régler par elles, il n'était pas moins évident que les *crustacés* réunis aux *insectes,* et ces deux groupes à celui des *vers à sang rouge* formaient, par leur importance, par le nombre de leurs espèces, par leurs structures si essentiellement diverses, une troisième division pareille ou à celle des *vertébrés,* ou à celle des *mollusques,* et que tous les autres animaux, réunis dès lors sous le nom de *zoophytes,* en formaient une quatrième, pareille à chacune des trois précédentes.

« Si l'on considère, dit M. Cuvier le règne « animal..., en se débarrassant des préjugés « établis sur les divisions anciennement ad« mises, et en n'ayant égard qu'à l'organi« sation et à la structure......, on trouvera « qu'il existe quatre formes principales, quatre « plans généraux, si l'on peut s'exprimer ainsi, « d'après lesquels tous les animaux semblent « avoir été modelés, et dont les divisions ulté« rieures, de quelque titre que les naturalistes « les aient décorées, ne sont que des modifi« cations assez légères, fondées sur le déve« loppement ou l'addition de quelques parties, « qui ne changent rien à l'essence du plan [1]. »

Ces quatre *plans* sont, je l'ai déjà dit, le plan des *vertébrés*, celui des *mollusques*, celui des *articulés* et celui des *zoophytes*.

1. *Le Règne animal, etc.*, t. I, p. 57 (1re édition).

Les *vertébrés* seuls ont une moelle épinière, long cône médullaire duquel partent les nerfs et qui se renfle, à son bout antérieur, pour former l'encéphale ; seuls ils ont un double système nerveux, celui de la moelle épinière et celui du grand sympathique; seuls ils ont un canal composé de vertèbres osseuses ou cartilagineuses. Mais tous ont cette moelle épinière, ce grand sympathique, ces vertèbres; ils ont tous des sens au nombre de cinq, des mâchoires au nombre de deux et horizontales, le sang rouge, un cœur musculaire, un système de vaisseaux chylifères et absorbants, un foie, une rate, un pancréas, des reins, etc. En un mot, plus on examine toute leur organisation, plus on leur trouve de ressemblances.

Mais plus aussi on leur trouve de différences avec tous les autres *embranchements*. Les *mollusques*, par exemple, ont bien encore un cerveau, quoique infiniment réduit, mais ils n'ont plus de moelle épinière et par suite plus de vertèbres ; ils n'ont plus de grand sympathique, et leur système nerveux unique, au lieu d'être placé au-dessus du canal digestif, comme dans les *vertébrés*, est toujours placé, au contraire, sauf le seul ganglion qui représente le cerveau, au-dessous de ce canal, et relégué parmi les viscères ; enfin ils n'ont ni vrai squelette, ni vaisseaux absorbants, ni rate, ni pancréas, ni veine porte, ni reins ; l'organe de l'odorat manque à tous, celui de la vue à plusieurs ; une seule famille possède celui de l'ouïe, etc. Mais ils ont tous un système complet et double de circulation, des organes respiratoires circonscrits, un foie. En un mot, si par le manque de moelle épinière, de vertèbres, de squelette, de grand sympathique, etc., ils diffèrent essentiellement des *vertébrés*, ils semblent, par la richesse de leurs organes vitaux, par leur double circulation, leur respiration, leur foie, etc., venir immédiatement après eux, et mériter de former ainsi le second des quatre *embranchements* du règne animal.

Le troisième, ou celui des *articulés*, ne diffère pas moins de celui des *mollusques* que ceux-ci ne diffèrent des *vertébrés*. Les animaux de cet *embranchement* ont un petit cerveau comme les *mollusques*, et ce petit cerveau est aussi placé sur l'œsophage ; mais, ce qui manque aux *mollusques*, ils ont une sorte de moelle épinière, composée de deux cordons qui règnent le long du ventre et s'y unissent, d'espace en espace, par des nœuds ou ganglions d'où partent les nerfs ; et toutefois, cette moelle épinière, qui les éloigne des *mollusques*, ne les rapproche pas des *vertébrés* ; car, à l'inverse de celle des *vertébrés*, toujours placée au-dessus du canal digestif, elle est toujours placée au-dessous. Par une inversion opposée, le cœur, qui est au-dessous de ce canal dans les *vertébrés*, est au-dessus dans les *articulés*, etc. En un mot encore, les traits qui séparent les *articulés* des *mollusques* sont essentiels, profonds, sont de ces traits qui décident de la nature des êtres; et les traits qui semblent les rapprocher des *vertébrés* ne les en rapprochent qu'en apparence.

Le quatrième *embranchement* n'offre pas des caractères moins circonscrits, moins déterminés que les trois autres. Le premier de ces caractères est que toutes les parties y sont disposées autour d'un centre comme les rayons d'un cercle; le second est la dégradation, la simplification successive de leur structure. Du premier caractère vient le nom d'*animaux rayonnés*, ou d'animaux dont toutes les parties sont en *rayons*, en *étoile;* et du second vient celui de *zoophytes*, ou d'*animaux plantes*, d'*animaux* qui, par la simplicité de leur organisation, se rapprochent le plus des plantes.

Tels sont les quatre *embranchements* établis par M. Cuvier; tels sont les quatre grands *plans* donnés par la *diversité des structures*. Chacun de ces *plans*, pris en soi, est essentiellement *un;* chacun d'eux, comparé aux autres, est essentiellement *divers*.

Et c'est ici que se trouve le secret du grand art qui nous occupe. Des groupes homogènes permettent seuls des propositions générales, qui, contenues les unes dans les autres, font toute la méthode.

« En plaçant le lamantin sous le genre des « morses, dit M. Cuvier, la syrène sous celui « des anguilles, Gmelin avait rendu toute pro- « position générale relative à l'organisation de « ces genres impossible; tout comme en rap- « prochant, dans la même classe, dans le « même ordre et à côté l'un de l'autre, la « seiche et le polype d'eau douce, il avait « rendu impossible de dire rien de général

« sur la classe et sur l'ordre qui embrassaient « des êtres si disparates [1]. »

Il faut d'abord se donner des propositions générales ; il faut ensuite qu'elles soient contenues les unes dans les autres : les espèces dans le genre, les genres dans l'ordre, les ordres dans la classe, les classes dans l'*embranchement*. Sans cela, rien de coordonné ; la subordination manque ; le règne animal ne serait pas contenu dans une proposition générale ; il ne serait pas *un*.

Buffon, même à l'époque où, déjà naturaliste, il s'essayait à la classification des *singes*, se faisait encore une idée bien incomplète de la méthode.

« La nature, nous dit-il, ne doit jamais être « présentée que par unités, et non par agré- « gats [2]. »

1. *Le Règne animal, etc.*, t. I, p. VIII, 1re édition.

2. Voyez sa *Nomenclature des singes.*

On peut répondre à Buffon que, *si la nature ne doit jamais être présentée que par unités*, nous n'aurons jamais de méthode. Tous les naturalistes, depuis qu'il y a des naturalistes, ne s'occupent qu'à une chose, à faire de ces *agrégats* dont Buffon se moque, c'est-à-dire des groupes de divers degrés : des genres, des ordres, des classes, etc. Et tout le monde sait depuis Cuvier, que ces groupes ne sont bien faits qu'autant qu'ils sont conformes à l'*organisation*, à la *structure*.

« J'ai eu pour but constant de mes tra-
« vaux, dit M. Cuvier, de ramener la science
« à des règles générales. Mes premiers
« essais me firent bientôt apercevoir que
« je n'y parviendrais qu'autant que les ani-
« maux dont j'aurais à faire connaître la
« structure seraient distribués conformément
« à cette structure même, en sorte que
« l'on pût embrasser sous un seul nom, de
« classe, d'ordre, de genre, etc., toutes les

« espèces qui auraient entre elles, dans leur « conformation tant intérieure qu'extérieure, « des rapports plus généraux ou plus parti- « culiers. Or, c'est ce que la plupart des natu- « ralistes de cette époque n'avaient point « cherché à faire, et ce que bien peu d'entre « eux auraient pu faire quand ils l'eussent « voulu, puisqu'une distribution pareille sup- « posait déjà une connaissance assez étendue « des structures dont elle devait être en quel- « que sorte la représentation [1]. »

Dont elle devait être la représentation : c'est là toute la méthode; la méthode doit être la représentation de l'organisation, de la structure.

On vient de voir comment M. Cuvier a successivement perfectionné la méthode : c'est en excluant de chacun des groupes qu'il établit toute organisation disparate ou hétérogène. Il

1. *Le Règne animal, etc.*, t. I, p. 1.

exclut du groupe des *mollusques* tout ce qui n'est pas *mollusque*, du groupe des *articulés* tout ce qui n'est pas *articulé*, etc., et c'est ainsi qu'il arrive à quatre *embranchements* parfaits, ou du moins très-voisins de l'être.

La méthode est une lutte perpétuelle entre les similitudes et les dissimilitudes; elle rapproche autant que les similitudes le permettent; elle s'arrête dès que les dissimilitudes se montrent; elle représente, et c'est là son plus essentiel mérite, les dissimilitudes aussi rigoureusement que les similitudes. Les similitudes donnent les groupes; les dissimilitudes donnent les intervalles qu'elle laisse entre les groupes : rien donc n'est omis. Les diversités ne comptent pas moins que les analogies. Ces *diversités* sont évidentes, manifestes, patentes; il faut se fermer les yeux pour ne pas les voir, et répéter ensuite, avec M. Geoffroy, *unité de composition*.

Mais ce grand mot, considéré en soi, qu'est-ce? C'est un non-sens; et M. Cuvier nous l'a déjà dit. Il nous dit, dans une des premières phrases de sa *réplique*: « Si, par unité de com-« position, on entend *identité*, on dit une « chose contraire au plus simple témoignage « des sens; si par là on entend *ressem-« blance*, *analogie*, on dit une chose vraie « dans certaines limites, mais aussi vieille « dans son principe que la zoologie elle-« même[1]. »

On a beau se retrancher derrière un mot obscur, les faits éclaircis rendent bientôt ce mot clair. Deux *êtres identiques* ne sont point deux *espèces*, ce n'en sont qu'une. Deux *espèces* sont toujours distinctes par quelque chose, c'est-à-dire par quelque *organe* : au fond, il n'y a que des *organes* en anatomie, comme en zoologie il n'y a que des *espèces*.

1. *Principes de philosophie géologique*, p. 65.

M. Geoffroy se trompe, comme M. Darwin s'est trompé. M. Darwin voit la *variabilité* de l'espèce, cette *variabilité* qui produit les *variétés*, les *races;* mais il n'en voit pas les *limites;* et, s'abandonnant à un raisonnement sans frein, il conclut à la mutabilité, à la transformation des espèces. De même, M. Geoffroy voit les analogies des organes, mais il n'en voit pas les *limites*, et il conclut à l'identité. Ces deux esprits incomplets ont failli tout bouleverser, et par la même cause, parce qu'ils ont manqué, l'un et l'autre, de ce sens supérieur et ferme qui voit les limites des phénomènes, limites préétablies et fixes, gardiennes suprêmes de l'éternelle distinction des *espèces* et des *organes*.

Au reste, M. Geoffroy n'était, en aucune façon, l'homme qui aurait pu avoir une discussion sérieuse d'anatomie comparée avec Cuvier, le maître de l'anatomie comparée. Il l'avait trop peu étudiée, et ne la connut jamais. Un seul homme aurait pu soutenir une pareille discussion, s'il l'avait fallu : cet homme était M. de Blainville : aussi M. Cuvier en faisait-il un cas infini. Combien de fois je lui ai entendu dire : « M. de Blainville est un homme de « génie; il a énormément travaillé; on ne sait « quel est le parti qu'il tirera de ce grand tra- « vail. »

Il n'en a pas tiré le parti qu'attendait M. Cuvier. Lorsque M. Fourier entendait dire : « M. de « Laplace est un grand esprit. Non, répondait-il « aussitôt; c'est un esprit qui s'est occupé de « grandes choses. » Je ne cite Laplace que pour le mot; je laisse ce grand nom à ceux qui peuvent l'apprécier, mais, prise en soi, la distinction est singulièrement fine.

C'est du point de vue où l'on se place que dépend l'étendue de l'horizon. Dès ses premiers travaux, M. Cuvier se propose un grand but,

la découverte des lois de l'organisation animale : « M'étant voué par goût, dès ma pre-
« mière jeunesse, à l'étude de l'anatomie com-
« parée, c'est-à-dire des lois de l'organisation
« des animaux et des modifications que cette
« organisation éprouve dans les diverses es-
« pèces, j'ai eu pour but constant de mes
« travaux de ramener cette science à des règles
« générales, etc.[1]. »

Quel est le but que se propose M. de Blainville ? C'est de critiquer son maître. Il prend, l'un après l'autre, chaque mémoire de M. Cuvier, et le soumet à une critique aussi profonde qu'inexorable. Il n'a pas cette critique mêlée d'admiration que demandait la restauration merveilleuse des espèces perdues, genre de travail jusqu'alors inconnu aux hommes.

M. de Blainville poursuit une tâche ingrate et qui rétrécit ses vues ; il y consume sa vie, et

1. *Le Règne animal, etc.*, t. I, p. 1 (1re édition).

nous lègue le commentaire le plus savant qui pût être fait des œuvres d'un grand homme. Quant à lui, il ne laisse aucun ouvrage qui donne la mesure de son génie.

V

DE L'UNITÉ DES PLANS

V

DE L'UNITÉ DES PLANS

J'ai raconté le fameux débat sur l'*unité de composition;* j'ai même fini par conclure que ces mots : *unité de composition*, ne sont qu'un non-sens.

« Si, par *unité de composition*, dit M. Cuvier, « vous entendez *identité*, vous dites une chose « contraire au plus simple témoignage des « sens; si, par là, vous entendez *ressemblance*, « *analogie*, vous énoncez une proposition vraie « dans certaines limites, mais aussi vieille dans

« son principe que la zoologie elle-même [1]. »

Toute la question est là. Les *limites* sont le grand fait qui marque, et par là distingue les phénomènes. C'est parce que M. Darwin ne voit pas les *limites* de la *variabilité,* qu'il la confond avec la *mutabilité,* qu'il dérive intrépidement toutes les espèces d'une seule espèce. C'est parce que M. Geoffroy ne voit pas les *limites* des *analogies* qu'il confond les *analogies* avec l'*identité,* qu'il ne voit, dans tous les animaux, qu'un seul animal.

« Il n'y a pas, s'écrie-t-il, plusieurs animaux, « mais un seul animal [2]. »

Le grand philosophe qui a fondé l'*anatomie comparée* avait un esprit souverainement juste. Il a vu, tout d'un coup, les rapports des êtres et leurs différences, rapports et différences qu'il a exprimés avec simplicité et clarté dans une

1. *Principes de philosophie zoologique,* p. 65.

2. *Principes de philosophie zoologique,* p. 216.

méthode, la première qu'ait eue la zoologie, je ne dis pas assez, la première qu'ait eue l'esprit humain, et qui nous étonne aujourd'hui encore par sa précision.

Voici cette méthode.

Aristote partage d'abord le règne animal entier en deux grandes divisions : celle des animaux qui ont du sang et celle des animaux qui n'en ont pas, c'est-à-dire la division des animaux à *sang rouge* et la division des animaux à *sang blanc;* car Aristote savait très-bien qu'aucun animal ne manque de sang : « Il faut remar-« quer, dit-il, que tous les animaux, sans « exception, ont un fluide dont la privation, « soit naturelle, soit accidentelle, les fait pé-« rir ; » et il appelle, d'un terme très-juste, le fluide des animaux à *sang blanc* une sorte de *lymphe*[1]. Il sous-divise ensuite les animaux à *sang rouge* en cinq classes : les *quadrupèdes*

1. *Histoire des animaux.*

vivipares, les *cétacés,* les *oiseaux,* les *quadrupèdes ovipares* et les *poissons;* et les animaux à *sang blanc* en quatre : les *mollusques,* les *testacés,* les *crustacés* et les *insectes.*

Telle est la classification d'Aristote. Je remarque, en passant, combien tout y est net, et combien, à la regarder avec attention, elle est supérieure à celle de Linné, venue deux mille ans plus tard.

Linné divisait le règne animal en six classes : celle des *mammifères,* celle des *oiseaux,* celle des *reptiles,* celle des *poissons,* celle des *insectes* et celle des *vers.*

Il nomme excellemment *mammifères* les *quadrupèdes vivipares*, car les *mammifères* n'ont pas tous quatre pieds, par exemple, les *cétacés,* qui n'en ont que deux, les *singes*, qui ont quatre mains et n'ont point de pieds, etc.; il nomme excellemment *reptiles* les *quadrupèdes ovipares*, qui tous rampent et n'ont pas tous quatre membres, par exemple, les serpents, qui n'en ont pas du tout, etc., etc.; ce qui, du reste, n'avait pas trompé Aristote : « Les serpents, dit-il, peuvent être mis à « côté du lézard. Ils lui ressemblent presque « en tout, en supposant au lézard plus de « longueur et en lui retranchant les pieds [1]. »

Je reviens à Linné. Il change, très-à propos, les deux noms que je viens de dire ; mais il mêle les *cétacés* aux *poissons*, les *chauves-souris* aux *oiseaux*, et, dans sa classe des *vers*, il jette et confond ensemble les *crustacés*, les *testacés*, les *mollusques*, etc.

Aristote n'avait commis aucune de ces fautes. Il savait très-bien que les *cétacés* ne sont pas des *poissons* [2], que la *chauve-souris* n'est pas un

1. *Histoire des animaux.*

2. « Le dauphin, la baleine et les autres cétacés sont « vraiment vivipares. Tout animal qui a du lait l'a dans « des mamelles, et les mamelles appartiennent à tout ani- « mal vivipare. » (*Hist. des anim.*)

oiseau, et ne rejetait pas, faute d'un examen suffisant, tous les *animaux sans vertèbres* dans une classe.

Enfin, des quatre grands *embranchements* de M. Cuvier, il n'est pas jusqu'à celui des *zoophytes* qui ne se trouve indiqué dans Aristote. « Les orties de mer, dit-il, ne sont point « du genre des testacés, et sont plutôt hors « des genres que nous avons définis : ce sont « des êtres dont la nature est équivoque entre « la plante et l'animal[1] » On ne pouvait mieux exprimer, on ne pouvait toucher de plus près à toutes les vues, jusqu'aux plus fines, que devait avoir Cuvier.

Mais cette conformité de vues, et, si je puis dire (entre *Aristote* et *Cuvier*), cette *conformité d'esprit,* n'est pas ici tout ce qui me frappe. Ce qui me frappe surtout, c'est le progrès

1. *Histoire des animaux.*

nouveau, et encore assez mal compris, qui donne à la *méthode* toute sa puissance.

Je dis *encore assez mal compris.* Pour M. Geoffroy, il ne l'a pas compris du tout. « On me demande, s'écrie-t-il, si je parle « d'*unité de composition* ou d'*unité de plan;* « je n'ai jamais fait, répond-il, cette distinc- « tion[1]. »

Ce mot dit tout. M. Geoffroy n'a jamais distingué l'*unité de composition* de l'*unité de plan;* et il n'a vu qu'un *plan,* celui des animaux *vertébrés.* Par là s'explique son autre mot : « Il « n'y a pas plusieurs animaux, il n'y en a « qu'un. »

Tous les *animaux vertébrés,* en effet, sont formés de même, non pas *identiquement,* bien entendu (il faut laisser parler M. Geoffroy comme il veut), mais sur le même *modèle,* sur le même *plan.* Pour peu que M. Geoffroy

1. *Principes de philosophie zoologique,* p. 199.

eût jeté les yeux sur les *animaux sans vertèbres*, pour peu qu'il les eût étudiés, qu'il les eût connus, il aurait vu aussitôt de tout autres *plans*, des *plans* divers, essentiellement divers; il eût fini par comprendre ce que c'est qu'un *plan*, et il eût admiré le génie, vaste et clair, qui en a si rigoureusement fixé les limites.

Les *embranchements* découverts par M. Cuvier, car de tels aperçus sont des découvertes, ces *embranchements* sont, par rapport aux *classes*, ce que les *classes* sont par rapport aux *ordres*, ce que les *ordres* sont par rapport aux *genres*, ce que les *genres* sont par rapport aux *espèces*. Ce sont des degrés supérieurs d'où l'on voit de plus haut et plus loin.

A chaque degré l'horizon s'étend. Celui qui voit un genre voit plusieurs espèces; celui qui voit un ordre voit plusieurs genres; celui qui voit une classe voit plusieurs ordres; celui qui voit un embranchement, un *plan*, voit plusieurs classes, et ce n'est qu'à ce moment-là que les *plans* paraissent, c'est-à-dire ces formes principales et générales qui ne pouvaient être saisies que vues d'ensemble.

« Il existe quatre *formes* principales, quatre « *plans* généraux, dit M. Cuvier, d'après les« quels tous les animaux semblent avoir été « modelés, et dont les divisions ultérieures, de « quelque titre que les naturalistes les aient « décorées, ne sont que des modifications as« sez légères[1]. »

Mais, ce n'était pas tout que d'avoir saisi ces *formes générales*, ces *plans*, sur lesquels tous *les animaux semblent avoir été modelés.*

La physiologie seule pouvait donner le principe supérieur de la *méthode*, ou ce qu'on nomme, en zoologie, la *subordination relative*

1. *Le Règne animal, etc.*, p. 57, 1re édition.

des caractères ; et cette *subordination relative*, elle n'a pu la donner que dans notre siècle.

Depuis le dix-septième siècle, depuis Harvey, le fait capital de la physiologie était la découverte de la circulation du sang, découverte qui a changé la face de la médecine, mais qui n'avait marqué à la zoologie, pour organes régulateurs, que des organes secondaires.

Les seuls organes régulateurs qu'ait eus Linné pour ses *classes*, c'étaient les organes de la circulation. Les animaux à *sang chaud*, les *mammifères* et les *oiseaux*, ont un *cœur à deux ventricules* et *à deux oreillettes* (*cor biloculare* et *biauritum*); les animaux à *sang froid*, les *reptiles* et les *poissons*, ont un *cœur à un seul ventricule* et *à une seule oreillette* (*cor uniloculare uniauritum*).

Et ainsi de suite.

Or, vers 1817, époque où M. Cuvier porta

la *méthode* à son dernier point de grandeur et de précision, il arriva qu'un fait nouveau, et d'un ordre pareil à la découverte de la circulation du sang, se produisit en physiologie. C'était la découverte des fonctions du *système nerveux*.

En 1812, Le Gallois publia ses *Expériences sur le principe de la vie, notamment sur celui des mouvements du cœur et sur le siége de ce principe*. Il prouva que le siége de ce principe est la moelle épinière, c'est-à-dire le *système nerveux*. Bientôt l'*irritabilité*, cette faculté première du corps animal, selon Haller, se vit elle-même, jusqu'à un certain point, soumise à l'action nerveuse; et le *principe de la vie*, ce principe que Le Gallois cherchait fièrement sous la devise de Lucrèce :

Unde anima atque animæ constet natura videndum,

n'était plus l'*irritabilité*, n'était plus le *cœur ;* c'était le *système nerveux*.

Or nous avons vu que le règne animal a quatre grandes formes, quatre grands types : le type *vertébré*, le type de masse ou *mollusque*, le type *articulé*, le type *rayonné* ou d'*étoile*.

Et c'est la forme même du *système nerveux* qui donne toutes ces formes; c'est sur la forme du *système nerveux* que sont *modelées* toutes les autres formes.

Les *animaux vertébrés* ont un tronc de chaque côté duquel se rangent symétriquement toutes leurs parties; c'est que leur système nerveux forme un cône médullaire central de chaque côté duquel partent, en ordre symétrique, les nerfs de toutes ces parties. Les *mollusques* ont un corps en masse : c'est que leur système nerveux n'a qu'une disposition confuse ; le corps des *articulés* reprend plus de symétrie, mais c'est que leur système nerveux en a déjà repris; ce corps est articulé à l'extérieur, c'est que le système nerveux l'est à l'intérieur; enfin, et jusque dans les *animaux rayonnés*, les derniers vestiges du système nerveux, qu'on distingue encore dans quelques-uns, ont cette même forme étoilée qu'affecte leur corps entier.

La forme du système nerveux détermine donc la forme de tout l'animal, et la raison en est simple : c'est qu'au fond le système nerveux est tout l'animal en effet, et que tous les autres systèmes ne sont là que pour le servir et l'entretenir. Il n'est donc pas étonnant que la forme de ce système restant la même pour chaque *embranchement*, la forme générale de chaque *embranchement* reste la même, et que cette forme changeant d'un *embranchement* à l'autre, la forme de chaque *embranchement* change.

L'*unité*, la *multiplicité* de formes du système nerveux, voilà ce qui décide de l'*unité*, de la *multiplicité* des formes du règne animal. En d'autres termes, ce dont chaque type, pris en lui-même, tire, si je puis ainsi dire, son titre d'*unité*, d'*uniformité*, c'est le système nerveux; et c'est encore du système nerveux que les divers types, comparés entre eux, tirent leur titre de distinction et de différence.

Le système nerveux ne varie donc, du moins dans sa *forme générale* (car il ne saurait être question ici de ses variations secondaires), que d'un type à l'autre. Tous les autres systèmes, placés au-dessous de lui, varient dans chaque type.

Or, nous venons de voir que les modifications du système nerveux donnent les premiers *groupes*, les premières *divisions* ou *embranchements*; les modifications des organes de la circulation et de la respiration, lesquels viennent immédiatement après le système nerveux par leur importance, donneront donc les premières *subdivisions* ou les classes.

Les *animaux vertébrés* offrent ou une respiration complète, mais simple, et une circulation double, ce qui est le cas des *mammifères;* ou une respiration et une circulation doubles, ce qui est le cas des oiseaux; ou une respiration simple, mais complète, puisqu'elle est toujours aérienne, combinée avec une circulation simple, ce qui est le cas des reptiles; ou une circulation double, combinée avec une respiration incomplète, c'est-à-dire *aquatique*, ce qui est le cas des *poissons*. Les *animaux vertébrés* se partageront donc, d'après leurs organes de la circulation et de la respiration combinés, en quatre classes : les *mammifères*, les *oiseaux*, les *reptiles* et les *poissons*.

De même pour les *mollusques* : les uns ont trois cœurs, les autres deux, les autres un. De ces cœurs, il y en a qui n'ont qu'un seul ventricule et une seule oreillette; d'autres, un seul ventricule et deux oreillettes; d'autres, un seul ventricule sans oreillette, etc. Enfin, certains *mollusques* respirent par une cavité pulmonaire; d'autres, par des branchies, etc., etc.; et l'on conçoit que la combinaison de toutes ces variations des organes circulatoires et respiratoires nous donnera les classes des *mollusques*, comme elle nous a donné les classes des *vertébrés*. Ces classes des *mollusques*, ainsi déterminées, sont au nombre de six : les *céphalopodes*, les *gastéropodes*, les *acéphales*, les *ptéropodes*, les *brachiopodes* et les *cirrhopodes*.

La combinaison des organes qui nous dirigent nous donnera de même, et même d'une manière plus tranchée encore, la *subdivision* du quatrième *embranchement* en quatre classes : les *annélides*, dont le sang est rouge, comme celui des *vertébrés;* les *crustacés*, dont le sang est blanc comme celui de tous les autres *animaux sans vertèbres*, qui, de plus, ont un cœur placé dans le dos, etc.; les *arachnides*, qui n'ont plus, pour cœur, qu'un simple vaisseau dorsal qui envoie des branches artérielles et en reçoit de veineuses; et les *insectes*, qui n'ont plus de vaisseaux du tout, ni artères, ni veines, qui n'ont qu'un vestige de cœur, et dont la respiration ne se fait plus par des organes circonscrits, mais par des trachées ou vaisseaux élastiques répandus dans tout le corps.

Dans cet *embranchement* des *articulés* s'observe donc le passage des animaux qui ont une circulation à ceux qui n'en ont point, et le passage correspondant de ceux qui respirent par des branchies circonscrites à ceux où les trachées distribuent l'air à toutes les parties.

C'est dans le quatrième *embranchement*, ou celui des *zoophytes*, des *rayonnés*, que s'observe la disparition, la fusion graduée et successive de tous les organes dans la masse générale. Ainsi, quelques-uns de ces animaux ont encore des vaisseaux clos, des organes de respiration distincts, etc.; d'autres, qui n'ont plus ni de pareils vaisseaux pour la circulation, ni de pareils organes pour la respiration, ont encore des intestins visibles; ce n'est que dans les derniers que tout semble se réduire à une pulpe homogène, et c'est sur ces divers degrés de complication que se fonde leur *subdivision* en cinq classes : les *échinodermes,* les *vers intestinaux,* les *acalèphes,* les *polypes* et les *infusoires.*

On vient de voir comment le système nerveux donne les *embranchements*, comment les organes de la circulation et de la respiration donnent les *classes;* des organes de plus en plus subordonnés vont donner les *ordres.*

Pour les *mammifères,* par exemple (car il serait trop long de suivre le déroulement de la méthode dans toutes les classes), les organes combinés du *toucher* et de la *manducation* partagent cette *classe* en neuf *ordres* : l'*homme,* qui a trois sortes de dents (molaires, canines et incisives), et qui a le pouce opposable aux deux extrémités antérieures seulement; les *quadrumanes*, qui ont les trois sortes de dents aussi, et, de plus, le pouce opposable aux quatre extrémités; les *carnassiers*, qui ont encore les trois sortes de dents, mais qui n'ont plus de pouce opposable, par conséquent plus de mains, qui n'ont que des pieds, mais des pieds dont les doigts sont encore mobiles; les *rongeurs*, dont les doigts diffèrent peu de ceux des carnassiers, mais qui n'ont plus que deux sortes de dents, les molaires et les incisives; les *édentés*, dont les doigts sont déjà moins mobiles, plus enfoncés dans de grands ongles, qui n'ont jamais que des molaires et des canines, quelquefois que des molaires, et quelquefois pas de dents du tout; les *marsupiaux*, ou *animaux à bourse*, petite chaîne collatérale aux trois ordres précédents, c'est-à-dire dont les uns répondent aux *carnassiers*, les autres aux *rongeurs*, et les autres aux *édentés;* les *ruminants*, qui forment un ordre si distinct par leurs pieds fourchus, leur mâchoire supérieure sans vraies incisives, leurs quatre estomacs; les *pachydermes*, qui comprennent tous les autres *quadrupèdes* à sabots; et les *cétacés*, qui n'ont point du tout d'extrémités postérieures.

Les modifications principales des organes combinés du toucher et de la manducation ayant donné les *ordres*, des modifications secondaires de ces mêmes organes donneront les *familles*.

Ainsi, et pour nous borner encore à un seul *ordre* des mammifères, celui des *carnassiers*, par exemple, on vient de voir que l'un des caractères de cet *ordre* est d'avoir des doigts *mobiles*. Or, supposez ces doigts devenus très-longs et réunis par des membranes de manière à former un organe de vol, comme dans la *chauve-souris* et vous aurez la *famille* des *chéiroptères*. Supposez que ces doigts restant libres, l'animal appuie en marchant sur toute la plante du pied, et vous aurez la *famille* des *plantigrades*. Supposez qu'il ne marche que sur le bout des doigts, et vous aurez celle des *digitigrades*, etc. Et pareillement pour les organes de la *manducation* : on a vu que cet *ordre* a les trois sortes de dents, et c'est là ce qui constitue son caractère comme *ordre*, mais supposez maintenant que les dents *molaires* (lesquelles décident toujours par leur forme du régime de l'animal) soient faibles et hérissées de pointes coniques, et vous aurez la famille des *insectivores*. Supposez ces mêmes *molaires* devenues plus fortes et hérissées, au lieu de simples pointes coniques, de parties plus ou moins tranchantes, et vous aurez la *famille* des *carnivores* ; et, dans cette *famille* des *carnivores* selon que les *molaires* seront ou entièrement tranchantes, ou plus ou moins mêlées de parties à tubercules mousses, vous aurez les *ours*, dont presque toutes les dents sont *tuberculeuses*, ou les *chiens*, qui n'ont plus que deux *tuberculeuses*, ou les *chats*, qui n'ont plus de *tuberculeuses* du tout, qui n'ont plus que des dents *tranchantes*, qui sont exclusivement carnivores par conséquent, tandis que les *chiens* peuvent mêler encore quelques végétaux à leur régime, et que les *ours* peuvent se nourrir entièrement de végétaux.

Je touche au terme du récit fidèle, que j'avais promis, concernant le débat célèbre sur l'*unité de composition*. J'ai parcouru toute la *méthode*, et j'ai trouvé partout des *diversités*, mais aussi partout des *analogies*. Ces *diversités* et ces *analogies* se limitent réciproquement; et là est le fonds inépuisable de nos recherches : plus on étudie les animaux, plus on leur trouve de ressemblances, mais plus aussi on leur trouve de différences. La prétendue *identité de composition* n'est qu'un non-sens.

Je finis en citant les paroles par lesquelles

M. Cuvier finit lui-même une de ses *répliques*.
« Voilà des principes qui ont du moins le mé-
« rite de la clarté; mais ils ont surtout celui
« de la vérité; c'est sur eux que reposent,
« quoi qu'on en dise, la zoologie et l'anatomie
« comparée. C'est d'après eux qu'a été formé
« ce grand édifice que l'on nomme le système
« du règne animal. Et toutes les fois qu'on
« voudra pousser les généralités plus loin, de
« quelque nom qu'on les décore, de quelque
« rhétorique qu'on les soutienne, les personnes
« seules qui *ne connaissent point les faits* pour-
« ront les adopter momentanément sur pa-
« role, mais pour voir dissiper leur illusion
« dès qu'elles s'occuperont d'en rechercher les
« preuves[1]. »

M. Cuvier a bien raison. Les faits ! voilà le seul ennemi redoutable qu'ait un système. Voyez la *phrénologie* ! Elle semblait avoir con-

1. *Principes de philosophie zoologique*, p. 146.

quis le monde. Vienne, Paris, Londres, New-York, chacune de ces villes avait sa *Société phrénologique*. Les faits sont venus, et toutes ces Sociétés sont tombées.

Et pourtant Gall était, en son genre, un homme de génie. Son *anatomie* du cerveau est la seule anatomie que puisse avouer le siècle. L'éparpillement de ses *facultés* n'est pas une absurdité qui saute aux yeux. Il a fallu du temps aux meilleurs esprits pour s'en rendre compte. Pour concevoir l'*unité* de l'âme au milieu de ses facultés multiples, il faut des lumières qui ne sont pas communes, et pour la démontrer il a fallu des expériences longues et difficiles.

Avec l'*unité de composition,* on n'aura pas toutes ces difficultés à vaincre; les faits sont venus et depuis longtemps; ils l'étaient avant que vînt le système.

VI

DE L'UNITÉ ET DE L'INSTABILITÉ DES ÊTRES

IMAGINÉES PAR BUFFON

VI

DE L'UNITÉ ET DE L'INSTABILITÉ DES ÊTRES

IMAGINÉES PAR BUFFON

J'ai longtemps cherché, dans l'entourage de M. Geoffroy, quelle avait pu être la première source de ces idées, arrêtées et fixes, qu'il eut toujours sur les deux points les plus fondamentaux de la science : l'*unité d'organisation*, et l'*instabilité des êtres*. Cette source première, c'est dans Buffon que je l'ai trouvée.

Quand on étudie M. Geoffroy, il ne faut ja-

12.

mais oublier qu'il avait commencé par être l'élève de Daubenton. Daubenton avait peu d'idées; il n'en tenait que plus à celles qui lui venaient de Buffon.

Or, c'était une idée des plus familières à Buffon, que celle d'un *dessein primitif et général* pour les animaux. C'est aussi par là que commence M. Geoffroy. Il nous dit, dès son premier écrit : « On sait que la nature travaille constamment avec les mêmes matériaux, elle n'est ingénieuse qu'à en varier les formes. Comme si, en effet, elle était soumise à de premières données, on la voit tendre toujours à faire reparaître les mêmes éléments en même nombre, dans les mêmes circonstances et avec les mêmes connexions. »

Buffon avait dit : « Si dans l'immense variété que nous présentent tous les êtres animés, nous choisissons un animal, ou même le corps de l'homme pour servir de base à

« nos connaissances, et y rapporter par la
« voie de la comparaison tous les autres êtres
« organisés, nous trouverons que quoique tous
« ces êtres existent solitairement, et que tous
« varient par des différences graduées à l'in-
« fini, il existe en même temps un *dessein pri-
« mitif et général* qu'on peut suivre très-loin,
« et dont les dégradations sont bien plus
« lentes que celles des figures et des autres
« rapports apparents.....

« On jugera si ce dessein suivi ne semble
« pas indiquer que l'Être suprême n'a voulu
« employer qu'une idée et la varier en même
« temps de toutes les manières possibles, afin
« que l'homme pût admirer également, et la
« magnificence de l'exécution et la simplicité
« du dessein. »

Voilà pour l'*unité d'organisation*.

Voici la pensée de Buffon sur l'*instabilité des êtres*. « Il semble, dit-il, que lorsque la nature
« essayait toutes les puissances de sa première

« vigueur, et qu'elle ébauchait le plan de la « forme des êtres, ceux en qui les proportions « d'organes s'unirent avec la faculté de se re- « produire, ont été les seuls qui se soient « maintenus; elle ne put donc adopter à per- « pétuité toutes les formes qu'elle avait ten- « tées; elle choisit d'abord les plus belles pour « en composer le tout harmonieux des êtres « qui nous environnent; mais au milieu de ce « magnifique spectacle, quelques productions « négligées, et quelques formes, moins heu- « reuses, jetées comme des ombres au tableau, « paraissent être les restes de ces dessins mal « assortis et de ces composés disparates « qu'elle n'a laissés subsister que pour nous « donner une idée plus étendue de ses pro- « jets [1]. »

Je ne puis m'ôter de l'esprit, me disait souvent M. Geoffroy, même dans ses dernières

1. *Histoire de l'échasse.*

années, que ces *premiers essais*, ces *ébauches*, ces *composés disparates*, que Buffon se plaît à nous rappeler, n'aient pas eu en effet quelque réalité.

Aussi, quand nous vint d'Allemagne l'idée (idée absurde, telle qu'on l'entend en France), que certains êtres ne sont qu'un *arrêt de développement* par rapport à d'autres, que les *classes* naissent les unes des autres, qu'elles ne sont toutes que les différents *âges* d'une seule, cette idée étonna-t-elle très-médiocrement M. Geoffroy, et fut-il un des premiers à l'adopter.

« Il est juste, » dit-il, « de considérer les « *mollusques* comme réalisant à toujours l'un « des degrés inférieurs de l'ordre progressif « des développements organiques, de les voir « comme arrêtés à ce point[1]..... »

Il dit cela à propos des poissons. Et c'est bien, pour le coup, qu'il faudrait reprocher

1. *Principes de la philosophie zoologique*, p. 114.

à M. Geoffroy de n'avoir jamais disséqué un seul *mollusque*. Entre un *mollusque* et un *poisson*, tout n'est pas seulement différent, tout est opposé. A l'extérieur, la charpente de ces animaux, leur système entier de locomotion, etc., tout diffère; à l'intérieur, le cœur (même de ceux qui n'en ont qu'un) est placé en sens contraire de celui des poissons; celui des *mollusques* entre les veines du poumon et les artères du corps, celui des *poissons* entre les veines du corps et les artères du poumon. Dans plusieurs *mollusques* les membres sont sur la tête; dans d'autres, les organes de la génération sont sur le côté; souvent ceux de la respiration sont au-dessus de ceux de la digestion et s'épanouissent sur le dos, etc. « En un mot, » dit M. Cuvier, « ils « ont des branchies; les poissons aussi : voilà « tout ce qui les rapproche. »

Je reviens à Buffon.

A voir ce vague, ces tâtonnements, cette incertitude dont il s'entoure, on dirait que les êtres n'existent qu'en général, sans rien de particulier, de précis, d'individuel.

Buffon nous ramène à Robinet. Robinet écrivait, dès 1768, son livre : *Essais de la nature qui apprend à faire l'homme*, livre que refont aujourd'hui, sans s'en douter, et chacun à sa manière, M. Geoffroy et M. Darwin.

Oh ! que Bossuet avait bien raison !

« Que je méprise ces philosophes qui, me-
« surant les conseils de Dieu à leurs pensées,
« ne le font auteur que d'un *certain ordre*
« *général* d'où le reste se développe comme il
« peut ! Comme s'il avait, à notre manière,
« des vues générales et confuses, et comme si
« la souveraine Intelligence pouvait ne pas
« comprendre dans ses desseins les choses
« particulières, qui seules subsistent vérita-
« blement [1] ! »

1. *Oraison funèbre de Marie-Thérèse d'Autriche.*

VII

DE L'UNITÉ DE VIE

VII

DE L'UNITÉ DE VIE

§ I

J'en ai fini avec la prétendue *unité de composition*. J'ajouterai pourtant un mot, et ce sera pour ne laisser aucune espèce de confusion possible dans le sujet qui nous occupe.

Les mots font la fortune des choses. Par exemple, le mot *unité* est le plus beau mot de la philosophie, mais rien n'est plus commun que de l'appliquer mal.

L'*unité de vie* n'est point l'*unité de composition.*

L'*unité de composition* est une question d'anatomie; on la résout en comptant et en comparant les organes.

L'*unité de vie* est une question de physiologie; on la résout en faisant une expérience.

L'*unité de vie* est un fait physiologique, et de plus, un fait expérimental, que nous ne savons, que nous n'apprenons, que nous ne découvrons que par l'expérience.

En 1740, Trembley découvrit la force singulière de reproduction qu'a le polype. On peut couper un polype en morceaux : chaque morceau reproduit un polype. Ce fut la plus étonnante découverte du dix-huitième siècle.

Quelque temps après (1741), Bonnet découvrit la même force dans la naïde.

Cependant le polype et la naïde sont des animaux très-différents. Le polype n'est composé que d'un tissu homogène, et n'a presque pas d'organes. La naïde a un tissu déjà fort compliqué, et des organes très-distincts : un système nerveux, un système sanguin, des organes propres de digestion, etc.

En 1765, Spallanzani découvrit, à son tour, la force qu'a la salamandre aquatique (un animal vertébré) de reproduire ses pattes et sa queue.

La salamandre aquatique reproduit ses pattes et sa queue à tous les âges. La grenouille et le crapaud ne les reproduisent que dans leur premier âge.

D'autre part, j'ai trouvé dans le système nerveux des animaux vertébrés à sang chaud, un *point* qui n'a pas plus d'une ligne d'étendue, et dont la section abolit sur-le-champ la vie.

C'est ce point que je nomme le *nœud vital*.

Ainsi, dans le polype, il n'y a pas *unité de vie.*

Au contraire, dans les animaux vertébrés à sang chaud, *l'unité de vie* se resserre dans des limites qu'on n'avait point encore soupçonnées.

VIII

DE LA PRODUCTION DE L'OS PAR LE PÉRIOSTE

VIII

DE LA PRODUCTION DE L'OS PAR LE PÉRIOSTE

§ I

Hunauld, anatomiste d'une perspicacité rare, et qui fut le très-digne successeur du grand Duverney, au jardin des Plantes, est le premier homme, je crois, qui ait vu nettement, et cela même avant Duhamel, les rapports de l'os et du périoste.

« Ce qui est un crâne actuellement, dit Hu-
« nauld, n'a été, dans les premiers temps,
« qu'une membrane dont l'ossification s'est,

« pour ainsi dire, emparée [1]. » *Emparée !* quelle heureuse expression !

Je n'ai pas besoin d'ajouter que cette membrane, *dont l'ossification s'empare peu à peu*, est la membrane que nous nommons aujourd'hui *périoste*.

« On sait, continue Hunauld, que la plu-
« part des pièces du crâne se soudent ensem-
« ble peu à peu dans la vieillesse ; mais ce
« qu'on ne sait pas » (personne, en effet, ne soupçonnait encore cette grande vérité),
« c'est que toutes ces pièces, dans tous les
« âges, n'en font véritablement qu'une seule,
« qu'elles ne sont pas seulement appliquées
« les unes contre les autres, et que, dans tout le
« crâne, dès le moment de la formation, il n'y a
« pas une seule interruption de continuité [2].

1. *Sur les causes de la structure singulière qu'on rencontre dans différentes parties du corps humain.* (*Mémoires de l'Académie des sciences*, 1740, p. 372.)

2. *Recherches anatomiques sur les os du crâne de l'homme.* (*Mémoires de l'Académie des sciences*, 1730, p. 566.)

« Pour s'assurer de cette vérité, qui en a si « peu les apparences » (ce mot *qui en a si peu les apparences*, nous montre combien on était loin encore de l'opinion nouvelle), « il faut, avec « soin, enlever le péricrâne dessus une su- « ture ; on aperçoit alors la continuité d'un os « avec son voisin par le moyen d'une mem- « brane, qui est placée entre deux, et qui fait « partie de l'un et de l'autre.

« On remarque » (c'est toujours Hunauld qui parle) « des filets membraneux qui sortent « du fond des échancrures, s'implantent dans « les dents de l'os opposé, et qui, lorsqu'on re- « mue en différents sens un des os qui forment « les sutures, s'étendent et se relâchent[1]....

Hunauld dit enfin :

« Le crâne, dans un fœtus peu avancé, est « une membrane (lisez un *périoste*) qui se « transforme insensiblement en os[2]. »

1. *Recherches anatomiques, etc.*, p. 556.
2. *Sur les causes de la structure*, etc., p. 156.

§ II.

Mais Hunauld ne s'en tient pas là. Après nous avoir dit que le crâne n'est d'abord formé que par le *périoste,* il nous décrit, d'un coup d'œil sûr, le mécanisme selon lequel se fait l'*ossification* du périoste.

« Un endroit de cette membrane, dit-il, « commence peu à peu à s'ossifier; cette ossi- « fication gagne et se continue par des lignes « qui partent comme d'un centre de l'endroit « où l'ossification a commencé. Des différents « endroits de cette calotte membraneuse, « commencent, en même temps, d'autres os- « sifications qui, de même, font du progrès et « s'étendent. Lorsqu'elles sont parvenues à « un certain point, le bord de chaque ossifi- « cation commence à prendre, en partie, la « conformation que le bord de l'os doit avoir

« par la suite et à s'ajuster à l'ossification « voisine[1]. »

Ces *ossifications qui s'ajustent* avec leurs voisines par leur conformation, sont les *sutures*. On ne pouvait en mieux voir, ni mieux en décrire la formation.

§ III.

Lorsque Hunauld lisait à l'Académie ces remarquables mémoires, que l'on dirait écrits d'hier, on était en 1740. Duhamel publia, en 1741, son beau mémoire sur la production de l'os par le périoste. Hunauld mourut en 1742, et ce fut un grand malheur.

Ces deux habiles hommes auraient pu soutenir, à eux deux, ce que j'appelle la théorie

1. *Sur les causes de la structure, etc.*, p. 156.

française, la théorie du *périoste,* contre la théorie absurde de Haller, la théorie du *suc* ou *gluten osseux ;* et, sur ce point, la physiologie eût été, chez nous, avancée d'un siècle !

§ IV.

Le *système osseux*, proprement dit, ne constitue donc qu'une époque déterminée de la formation des os.

Dans le poulet, le *squelette* est complétement membraneux jusqu'au sixième jour de l'incubation.

Du sixième au septième apparaissent les cellules cartilagineuses.

Du septième au huitième, le *tissu osseux* apparaît à la base du crâne et à la partie moyenne des os longs.

Au neuvième jour, le *tissu osseux* se montre à la voûte du crâne.

Les *sutures* sont très-bien formées dès le douzième jour.

Enfin, ces *sutures*, que je regarde comme le dernier vestige extérieur, comme la dernière trace visible du *périoste*, ont, en général, disparu au cinquième mois.

§ V.

Le crâne est une membrane qui se transforme insensiblement en os, avait dit Hunauld [1].

Ce que Hunauld venait de dire, Duhamel le montra. Par ses expériences sur les fractures, Duhamel prouva que le *cal* (c'est-à-dire l'*os*) *est formé par le périoste* [2].

« On ne sera point en peine, dit Duhamel,

1. Voyez ci-devant, p. 155.

2 *Observations sur la réunion des fractures des os*. (*Mém. de l'Acad, des sciences*, an. 1741, p. 107 et suiv.)

« de savoir d'où transsude le suc osseux qu'on « croyait nécessaire pour former le *cal*, et « pour remplir les plaies des os, puisqu'on « voit que c'est le périoste qui, après avoir « rempli les plaies des os, ou s'être épaissi « autour de leurs fractures, prend ensuite la « consistance de cartilage, et acquiert enfin la « dureté des os[1]. »

§ VI.

Que manquait-il donc à ces expériences de Duhamel? Il y manquait la seule chose qui manque aux expériences qui ne démontrent pas : l'évidence.

Pour mettre dans tout son jour le grand fait de la formation de l'os par le périoste, je ne me suis pas borné, comme Duhamel, à

1. *Observations sur la réunion, etc.*, p. 107.

fracturer un os, et, si je puis ainsi dire, le premier os venu.

Quand on fracture un pareil os, voici ce qui arrive : des deux bouts rompus, l'inférieur, celui qui tient à la partie libre du membre, est aussitôt fortement attiré par la contraction des muscles vers le supérieur. Les deux bouts se rapprochent ou se croisent, un épanchement survient, etc., et, dès lors, comment voir les faits qui se passent? Une grande partie de l'art des expériences est de rendre les faits clairs et nets.

Il fallait, en premier lieu, choisir un os dont les deux extrémités fussent fixes, afin que les bouts rompus ne pussent pas se rapprocher.

Il fallait, en second lieu, ne pas se borner à le fracturer, à le rompre, car, dans ce cas, les bouts rompus demeurent trop près l'un de l'autre.

§ VII.

J'ai choisi pour mes expériences les *côtes,* os fixés d'un côté aux vertèbres, et de l'autre, par le *cartilage sternal,* au sternum.

Et je ne me suis pas borné à fracturer l'os. J'ai retranché une certaine portion d'os : par là les deux bouts divisés ont été mis d'abord, et constamment tenus ensuite, à une certaine distance l'un de l'autre.

Cela fait, j'ai vu l'os retranché se reproduire, se reproduire par le périoste seul; j'ai vu se reformer peu à peu, molécule par molécule, grains par grains, d'abord cartilagineux et puis osseux, toute la portion d'os que j'avais retranchée.

§ VIII.

Je ne m'en suis pas tenu là. Je me suis dit : puisque c'est le périoste qui produit l'os, je pourrai donc avoir de l'os partout où j'aurai du périoste, c'est-à-dire partout où je pourrai conduire, introduire le périoste. Je pourrai multiplier les os d'un animal, si je veux ; je pourrai lui donner des os que naturellement il n'aurait pas eus.

D'après cette idée, j'ai imaginé de percer un os et d'introduire une canule d'argent dans cet os percé.

Bientôt le périoste s'est introduit dans cette canule ; puis il s'y est épaissi, gonflé ; puis il y est devenu cartilage, puis il est devenu os. L'animal a eu, à sa jambe, un os nouveau, un os de plus, un os que naturellement il n'aurait pas eu.

§ IX.

J'ai fait plus.

On sait que la destruction de la membrane médullaire est constamment suivie de la nécrose de l'os, et que l'os nécrosé se détache du périoste; mais ce qu'on ne sait pas, c'est qu'à mesure que le périoste se détache de l'ancien os, il produit une nouvelle portion d'os.

§ X.

Au lieu de détruire peu à peu la membrane médullaire, et de provoquer ainsi peu à peu des productions d'os nouvelles, mais partielles, j'ai détruit, tout d'un coup, toute la membrane médullaire du *radius* d'un bouc; tout le *radius* ancien s'est nécrosé, et, chose merveilleuse, tout un *radius* nouveau s'est formé.

§ XI.

J'ai pu montrer à l'Académie deux *radius* de bouc, qui, d'abord, avaient été tout à fait détruits par la destruction complète de leur membrane médullaire, et qui, ensuite, ont été reproduits *tout entiers*, par leur périoste extérieur, qui avait été soigneusement respecté.

§ XII.

Au bout de trois mois, l'animal sur lequel l'expérience avait été faite est mort.

On a trouvé un *radius* nouveau, tout entier, à la place du *radius* ancien. Il était seulement plus gros que ne l'était l'ancien.

On a ouvert ce *radius* nouveau longitudinalement, et on y a trouvé le *radius* ancien, contenu et en partie résorbé par une membrane médullaire nouvelle.

§ XIII.

Cette reproduction d'un os tout entier, par un périoste conservé tout entier, est l'exemple le plus étonnant peut-être qui se soit jamais vu de la force de reproduction que possède le système osseux dans un animal vertébré à sang chaud.

§ XIV.

On peut voir, dans mon livre *sur la formation des os* [1], comment, dans cette reproduction, les choses se passent, et, pour dire tout, comment s'effectue la *transformation* patente du *périoste* en *os*.

1. P. 36 et suiv.

§ XV.

Cette théorie, dans les applications qui en ont été faites par la chirurgie, a donné les résultats les plus heureux, résultats heureux qui chaque jour se multiplient.

Dès 1860, M. Mottet, de Bayeux, avait obtenu, chez un ouvrier de trente-deux ans, la reproduction d'un tibia, et par cette reproduction la conservation du membre.

En 1861, notre confrère M. Maisonneuve, qui avait extirpé le tibia entier chez un jeune homme, a présenté à l'Académie des sciences ce jeune homme parfaitement guéri, et en possession de toute la facilité de mouvement que lui donne un os complétement régénéré.

FIN

TABLE

Paris. — Imp. de P.-A. Bourdier et Ce, rue des Poitevins, 6.